DAWミックス／マスタリング
基礎大全

FUNDAMENTALS OF TRACK MIXING & MASTERING

解説連動
WAV
ダウンロード
対応

大鶴暢彦

Rittor Music

はじめに

　私が音楽制作を始めた頃には、まさか自分が本格的なミキシングやマスタリングまで行うようになるとは思っていませんでした。時代の流れとともにDAWや関連のソフトウェアが高度化し、また購入のハードルが下がってきたことから、今ではもう、クリエイターがミックスやマスタリングを行うことは珍しくなくなりました。個人で活動されている方にとっては当然のこととなってきています。それだけ裾野が広がり、やり方次第で誰もがクオリティの高い音源を制作できるようになった時代を歓迎すべきなのでしょう。

　しかしその分、道具はそろえたけれどどう使っていいのかわからない、と道に迷っている人も多く見かけます。ミキシング／マスタリングは、いざやろうとすると相当に奥が深く、作曲や編曲とはまた違った知見が必要となるため、思うようにクオリティを上げられない状況のようです。

　本書は、まさにそのような方々の道しるべとなればという思いで執筆しました。EQやコンプレッサーといった道具の使い方はもちろんですが、その背景にある考え方、なぜそのような道具や作業が必要なのか、といった根本的な部分から理解していただけるよう構成しています。

　また後半では、実際のパラメーターの値を使ってサウンドメイキングやミキシング、マスタリングにトライしていただき、答え合わせのように結果を音で確認できる形をとっています。そうすることで、できる限り個人レッスンを受ける感覚に近い学びを得られるよう、配慮したつもりです。

　本書を使い、私が多くの時間をかけて学んできた知識やテクニックについて、存分に吸収しステップアップしていただければと思います。

CONTENTS

MIXING THEORY

ミキシングの基礎

Theory 01	ミックス作業とは？	12
	ミキシングの意義と必要性	12
	ミキシングの三要素	13
	サウンドメイキングとミキシングの違い	15
	縦の広がりや奥行きも意識する	16
	ミキシング時のモニタリング環境	17
Theory 02	音量（フェーダー）の調整	18
	フェーダーでの音量調整操作は下げる方向で行うのが基本	18
	マスターレベルをチェック	19
	高音域と低音域のバランス	19
	クリッピングについて	20
Theory 03	定位（パン）の調整	22
	定位設定の指針	22
	ステレオトラックでの定位	24
	Pan Law	25
Theory 04	トラック間のルーティング	26
	センドルーティング	26

バスルーティング　　　　　　　　　　　31

サイドチェーン　　　　　　　　　　　34

Add Note　　プロジェクトのサンプリングレートとビット解像度　　38

サウンドメイキングの基礎

Theory 05　**音質（EQ）の調整**　　　　　　　　　　　**40**

パラメトリックEQのパラメーター　　　　　　　　　40

リニアフェイズEQの特徴と用途　　　　　　　　　43

ダイナミックEQの特徴と用途　　　　　　　　　45

グラフィックEQの特徴と用途　　　　　　　　　47

イコライジング時におけるスペクトラムアナライザーの援用　　48

基音と倍音　　　　　　　　　　　50

イコライジングのコツ　　　　　　　　　　　50

標準的な楽器別イコライジングポイント　　　　　52

Theory 06　**ダイナミクスの調整**　　　　　　　　　**54**

コンプレッサーの基本パラメーター　　　　　　　54

インターナル（内部）サイドチェーンの活用　　　　62

ポンピングについて　　　　　　　　　　　64

マルチバンドコンプの特徴と用途　　　　　　　　64

用途に合わせたコンプレッサーのタイプ選択　　　66

どちらが先か？　EQとコンプレッサーのインサート順　　73

パラレルコンプの活用とそのルーティング　　　　74

コンプレッサーでのパラメーター設定のコツ　　　75

Theory 07　**残響（リバーブレーション）の調整**　　　　**77**

リバーブの接続方法　　　　　　　　　　　　77

リバーブの基本パラメーター　　　　　　　　79

リバーブに用意されるその他のパラメーター　82

用途に合わせたリバーブのタイプ選択　　　　85

コンボリューションリバーブの特徴と用途　　86

リバーブでのパラメーター設定のコツ　　　　88

Theory 08　**補助的な役割を果たすエフェクト**　　**89**

ディレイ　　　　　　　　　　　　　　　　　89

ミックス時に利用できるディレイの基本テクニック　92

ピンポンディレイの特徴と用途　　　　　　　95

マルチタップディレイの特徴と用途　　　　　96

ディエッサー　　　　　　　　　　　　　　　97

サチュレーター　　　　　　　　　　　　　　98

エキサイター　　　　　　　　　　　　　　　99

トランジェントシェイパー　　　　　　　　　100

ステレオイメージャー　　　　　　　　　　　102

サウンドメイキングの実際

Theory 09　**ソース別サウンドメイキングの実例**　　**104**

ドラムセット　　　　　　　　　　　　　　　104

ベース　　　　　　　　　　　　　　　　　　117

アコースティックギター　　　　　　　　　　120

アコースティックピアノ　　　　　　　　　　123

エレクトリックピアノ　　　　　　　　　　　125

ストリングスセクション　　　　　　　　　　127

ブラスセクション　　　　　　　　　　　　　128

ボーカル　　　　　　　　　　　　　　　　　129

ミキシングの実際

Theory 10	マルチトラックファイルでミキシングにトライ	**138**
	ドラムバスとセンドトラックの作成とルーティング	139
	ドラムセット	140
	ループ	150
	ベース	150
	ギター	151
	ピアノ	155
	シンセパッド	156
	ストリングス	157
	ボーカル	159
	仕上がりの定位	167
Add Note	ミックスを見越した適切なアレンジを	168

M A S T E R I N G   T H E O R Y

マスタリングの基礎

Theory 01	マスタリング作業とは？	**170**
	マスタリングの意義と必要性	170
	マスタリングで使用するエフェクト	171
	ミキシングとの役割分担	171
	マスタリング時のモニタリング環境	172
	メーターの読み方	173

Theory 02	**トータルな音質（EQ）の調整**	**177**
	トータルイコライジングの設定ポイント	177
Theory 03	**トータルなダイナミクスの調整**	**180**
	トータルコンプの設定ポイント	181
Theory 04	**トータルな彩度（サチュレーション）の調整**	**183**
	サチュレーションコントロールの設定ポイント	183
Theory 05	**M/S処理による各種バランスの調整**	**187**
	M/S処理の設定ポイント	187
	M/S処理用トラックの作成方法	188
	M/S対応プラグインを利用したダイレクトなM/S処理	195
Theory 06	**最終的な音圧の調整**	**198**
	音圧コントロールの設定ポイント	198
Theory 07	**ビット解像度変更に伴う量子化ノイズ対策**	**201**
	量子化ノイズ軽減処理の設定ポイント	201
Add Note	マスタリングは耳を休ませながら	204

マスタリングの実際

Theory 08	**2MIXファイルでマスタリングにトライ**	**206**

トータルイコライジング（パラメトリックEQ） 207

トータルコンプ（インターナルサイドチェーン付き

VCAタイプコンプレッサー） 208

トータルイコライジング（M/S対応リニアフェイズEQ） 209

トータルな彩度調整（サチュレーター／真空管タイプ） 210

最終的な音圧調整（マキシマイザー） 210

量子化ノイズ軽減処理（ディザリングプラグイン） 211

APPENDIX

NOTE NUMBER / FREQUENCY CORRESPONDENCE TABLE 214

STRINGS / BRASS ENSEMBLE PANNING 217

SAMPLE PLUG IN INDEX 218

ダウンロードを行う前の注意点 218

よくある約束事ですが、ダウンロードは自己責任で 219

WORD INDEX 228

AUDIO FILE INDEX 233

ABOUT FILE DOWNLOAD

付録オーディオファイルは、弊社ホームページ内にある本書の商品紹介ページ（https://www.rittor-music.co.jp/product/detail/3118333009/）から常時自由にダウンロード可能です。ZIP形式で容量を圧縮してありますが、インターネット環境によってはダウンロードに時間がかかる場合がございますので、ご注意ください。なお、フォルダーに収録されているオーディオファイルは、CD-DA用マスターファイルであるFILE 192：2MIX＋EQ1＋CMP＋EQ2＋SAT＋MAX＋DIZ（16bit/44.1kHzサンプリング）を除き、すべて32bit float/44.1kHzサンプリングによるWAVフォーマットになっています。これらをDAW上に配置して、本書の作業プロセスを再現したい場合は、配置の前にあらかじめご使用のDAWのプロジェクトフォーマットを32bit float/44.1kHzに設定しておくと、ファイル本来の音質を可能な限り保持した状態で以後の作業を進めることができます。

ABOUT SAMPLE PLUG INS

解説に使用されているDAW標準バンドル以外のプラグインエフェクトは、基本的にすべてmacOS / Windows（ともに64bit OS）、VST（2または3）、AU、AAXに対応したフリーウェアまたは試用可能な製品版から選ばれています。そのため、所定のホームページからこれらをダウンロードすることで、フリーウェアならば以後いつでも、試用可能な製品版ならば以後一定期間内において、追加投資なしで自分のDAW環境下での記述内容の再現が可能です（一部AAX非対応のものや、使用に際してiLok2以降が必要となるものもあります）。ラインナップの詳細については、巻末のSAMPLE PLUG IN INDEXを参照してください。

MIXING
THEORY

ミキシングの基礎

サウンドメイキングの基礎
サウンドメイキングの実際
ミキシングの実際

マスタリングの基礎
マスタリングの実際
APPENDIX

MASTERING
THEORY

Theory 01　ミックス作業とは？

　自宅で手軽に音楽制作ができるようになった現代において、クリエイター自身の手でミックス作業……いわゆるミキシングと呼ばれる制作プロセスを行うケースが飛躍的に増加しました。しかし、その結果に満足できていない人は多いはずです。そこで、"ミキシングとは何か？"ということについて、あらためて考えてみることにしましょう。基本から見直すことで、ミキシングに求められる本質的な部分が見えてくると思います。

●ミキシングの意義と必要性

　DAW環境下での音楽制作では、デモにもそれなりのクオリティが求められるため、作曲や編曲の段階からある程度ミキシング的な要素も含まれてきています。また、ミキシングまで完全に自己完結というケースも多いと思います。そうなると"どこからがミキシング？"という線引きも曖昧になってしまいますが、やはりミキシングには相応の意識と知識を持って臨む必要があります。音量バランス、定位の設定は当然のこと、各トラックの特性やトラック間の関係を踏まえた音質の調整が必須なのです。

　付録オーディオファイルの**FILE01：ミックス処理前／FILE02：ミックス処理後**を聴き比べてみてください。ファイル名からもわかるように、FILE01は簡単な音量バランスと定位の設定のみ行ったもの、FILE02は細部までこだわったミキシングを施したものになっています。このクオリティの違いが、ミキシングの意義と必要性のすべてを物語っていると言えるでしょう。

　本書では、このような効果をもたらすミキシングテクニックについて、その手法を解説していきます。

またその際には、ハードウェアの実機よりもコストパフォーマンスに優れている
プラグインエフェクトの使用を前提に話を進めることとし、フリーウェアや試用可
能な製品版の紹介も併せて行うようにしました。

なお、エフェクトには、サウンドを整えるためのミキシング用途とは別に、サウン
ドを大幅に変化させるタイプのもの（ディストーションやコーラスなど）が多数存在
していますが、それらは音色自体を作り上げるためにあり、ミックス用とは用途の
ベクトルが大きく異なるため、基本的に本書では取り上げません。

ミキシングの三要素

ミキシングについて、よく以下の三要素が挙げられます。

・音量
・定位
・音質

たしかにこの3つは大事な要素なのですが、大雑把すぎてピンとこないと感じ
る人もいるでしょう。そこで、これらをもう少し噛み砕き、実際の作業にどう落とし
込んでいくか、その道筋を示したいと思います。

■音量

音量は基本的にミキサーのフェーダーの上下で調整します。どの音をより目立
たせ、どの音を引っ込めるか、優先順位を決めながらバランスを取っていくわけ
です。しかし、音量調整はそれだけにとどまりません。音楽は"時間の芸術"と呼
ばれますが、ほとんどの音量は時間に沿って大小に変化します。これをダイナミク
スと呼びます。

もちろん必要な音量変化はそのまま残しますが、たとえば、ボーカルのサビと平ウタの音量差がありすぎて、サビのレベルに合わせると平ウタ部分の歌詞が聴き取りづらいといったケースなどでは、ある程度のダイナミクスの圧縮が必要です。

また、現代のロック／ポップスではそれなりの音圧が求められますので、適度に全体のダイナミクスを抑えながらミキシングを行う必要があります。

そのような音楽的なダイナミクスに加えて、単発の音のアタック（立ち上がりの鋭さ）、サスティン（音の伸びや余韻）といった音量の要素もあります。これらをトランジェントと呼びます。トランジェントは音の存在感に重要な役割を果たし、"音量は小さくても存在感のある音"といった演出も可能にします。

このダイナミクスやトランジェントのコントロールは、主にコンプレッサー／リミッター（マキシマイザー）を用いて行います。また、トランジェントの調整に特化したトランジェントシェイパーなども利用します。

■定位

定位（パン）は、ステレオ出力における音の配置位置を指し、これを調整する作業をパンニングと言います。センターに定位させる楽器はある程度決まっており（ドラムのキックとスネア、ベース、ボーカル、ギターソロなど）、それ以外のパートは、センターの楽器を邪魔しないように、また左右のバランスが悪くならないように、適切な位置に配置します。

しかし、あまりに定位がはっきり分離しすぎていてもバラバラなミックスになってしまいます。そこで定位を適度にぼかし、それぞれの音が響き合うような印象を与えるエフェクトとしてリバーブやディレイを用います。これらのエフェクトは空間系というくくりで呼ばれます。

その他、ステレオ出力のシンセやバストラックなどのステレオトラックに対して、広がりを含めた定位をコントロールするステレオイメージャーやM/S処理なども、定位の調整において大きな役割を果たします。

■音質

音質には、単純に音が良い悪いといった意味もありますが、ここではその音が持つ特性ととらえてみましょう。低域寄りの音、高域寄りの音、倍音が少なく地味な音、倍音が豊かな派手な音……などなどありますが、それぞれの音の特性を踏まえて、どう仕上げるかを決めていきます。基本的には本来の特性を活かす方向で音質を調整しますが、個々のトラックについてだけでなく、他のトラック間との音質的な関係も考えた調整を心がけなければなりません。

音の特性は、ミキシングにおいては周波数特性に置き換えられます。周波数特性は、主に**EQ**（イコライザー）を用いて調整します。その他、倍音の特性を変化させるエキサイターやサチュレーターなども用います。

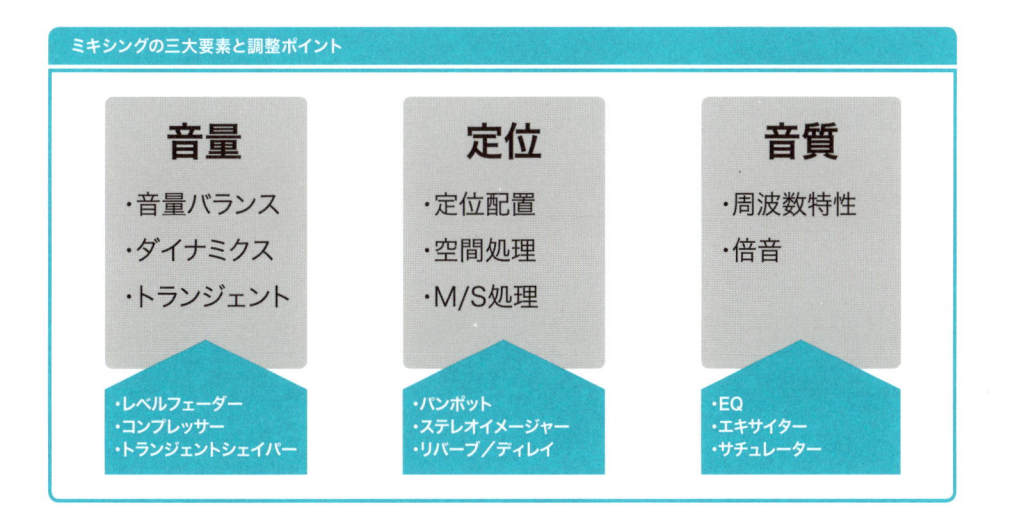

🔵 サウンドメイキングとミキシングの違い

ミキシング前のアレンジ作業時にも、フィルターやEQなどを使ってトラックの音質を調整する、いわゆるサウンドメイキングを行うと思います。実はこのサウンドメイキングの感覚でミキシングを行ってしまうと、思うような結果につながりません。

　サウンドメイキングとミキシングの最も大きな違いは、前者が単独のトラック（楽器）に対して集中的に行うのに対し、後者は複数のトラックの関係を考えながら行う点にあります。

　たとえば、ボーカルとベースは同じセンター定位となることが多いため、周波数帯域に重なる部分（かぶり）が発生します。そこで、ボーカルの聞こえ方が良くなるように、ベースの音質をイコライジングする、といった作業を行います。ボーカルトラックのためにベースのトラックを調整する……ミキシングにはこういった相対的な視点が要求されるわけです。

◉ 縦の広がりや奥行きも意識する

　ミキシングでは、パン設定による左右の広がりを意識するのは当然ですが、縦の広がりや奥行きも意識する必要があります。

　縦の広がりは音の高さで表現することができます。高い周波数帯域を持つ音は上から、逆に低い周波数帯域を持つ音は下から聞こえます。さまざまな高さを持つ音をバランスよく配置し、それぞれの特性を活かすミキシングを行うと、縦の広がりが大きくなり、分離のよいハイファイなミックスになります。

　奥行き感は基本的に音量の大小で決まりますが、それ以外の要素もあります。たとえば、ある音が持つ周波数帯のうち高域成分を強化すると、音が近づいた印象を与えることができます。また、空間系エフェクトが深くかかっている音は遠く、浅いものは近く、ダイナミクスが小さい音は遠く、大きい音は近く感じる、といった要素もからんできます。このように、パンだけでなく縦・奥行きを意識することで、ミックス全体に立体感を与え、目の前で演奏されているような臨場感を生み出すことができるのです。

🕐 ミキシング時のモニタリング環境

　正直、専用に構築されたスタジオ以外で理想的なモニタリング環境を得るのは難しいです。そうは言っても、アマチュアクリエイターの場合、自宅のデスクトップでミキシングを行うのが普通ですから、制約の中でなんとかベターな環境を得るようにしなければなりません。

　その場合に最低限意識しておきたいのは、リスニングポイントとモニタースピーカーの位置関係です。具体的には、モニタースピーカーを若干内側に向け、リスニングポイントと正三角形となるように配置するのが理想です。ポイントはツイーターが耳の方向を向いているかどうかにあります。これは高域は低域に比べ指向性が強いためです。

　ただ、DAWでの作業の場合、モニタースピーカーをモニターディスプレイの両脇に配置しようとすると、机のサイズや奥行きなどの兼ね合いから、どうしても正三角形に配置できなくなるケースもあると思います。そういったときは、思い切ってモニタースピーカーをリスニングポイントと正三角形のポジションが取れる机以外の場所に配置するのも手です。この場合、ミキシング作業を行う位置とサウンドをチェックする位置が変わってしまいますが、モニターディスプレイの広い平面がサウンドに及ぼす干渉をゼロにできるという利点もあります。

　また、モニタースピーカーはスタンドなどを用いてツイーターの高さが耳の高さと同じになるように設置してください。これが難しい場合、次善の策としてモニタースピーカーの前面を上に上げ、仰ぎ見るような形での設置を心がけます。

　さらに、モニタースピーカーの背後に壁がある場合、背後の壁が近くなるほど低音が強調されて聞こえる傾向があるため、設置の際にはできるだけ壁と離れた位置に置くのが基本です。どうしても壁に近くなってしまう場合は、バス／トレブルが調整できるタイプのモニタースピーカーを使用し、自分の求めるサウンドに適合するCDをリファレンスとして聴きながら、スピーカーの再生特性を調節してみるといいでしょう。

Theory 02　音量(フェーダー)の調整

　音量の調整は、作曲・アレンジしている間に自然と行っている方も多いでしょう。ただ、その際にも後々細かなミキシングやマスタリングを行うことを前提として注意しておくポイントがあります。

◑ フェーダーでの音量調整操作は下げる方向で行うのが基本

　トラックを重ねていったときに、その中のあるトラックが聞こえづらく感じることがあると思います。その際、ついそのトラックのフェーダーを上げてしまいがちですが、まずはその他のトラックの音量を下げることを優先して検討しましょう。

　これは、DAWのフェーダーの初期値(0)の位置が中央より上にあり、アップよりダウンのストロークが長くなっていることからもわかるはずです。

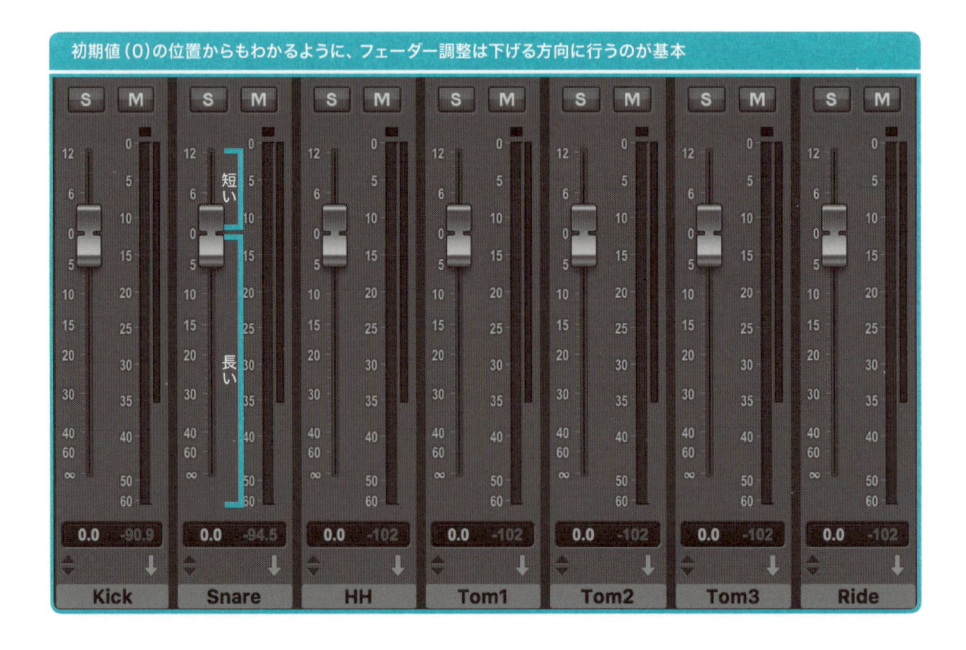

初期値(0)の位置からもわかるように、フェーダー調整は下げる方向に行うのが基本

　つまり、個々のトラックのフェーダーは下げる方向に使うのが基本なのです。"絶対に上げてはいけない"ということではありませんが、むやみやたらとフェーダーを上げているとすぐに上限に達してしまいますし、マスターレベル（マスタートラックのレベル）も適正値をオーバーしがちになってしまいます。やはり、そのトラックのレベルがもとから極端に小さいといった場合を除き、下げる方向で調整するように心がけてください。

🔘 マスターレベルをチェック

　マスターレベルのチェックは、マスタートラックのフェーダーを0の位置から動かさずに行います。

　全トラックを再生した際のマスターレベルは、マキシマイザーなどのエフェクトをかけない状態で最大ピーク＝−6dB（デシベル）程度が目安ですので、個々のトラックのレベルはそれ以下になっている必要があります。この目安を基準に、各トラック間の音量バランスを取っていきましょう。

　なお、このマスターレベルの−6dB（ピーク）という目安は、"ピークメーターを目視で−6dB程度"くらいの認識でいてかまいません。瞬間的にそれを上回るレベルに達することがあっても、そこまで神経質にならなくて大丈夫です。

🔘 高音域と低音域のバランス

　ミックスしていく楽器にはそれぞれ担当する音の高さがあります。仮に高音域から低音域までフラットに聴かせたいとしたら、各楽器のトラックの出力レベルを同じに合わせればいいか？というと、そういうわけでもありませんよね。

　これは、私たちの耳が周波数帯域によって音量の感じ方が違うことに起因しています。

　ざっくり言うと、人間の耳は低音域になるほど聞こえにくく、3,000Hzあたりは聞こえやすいのです。また、小音量時になるほど低音域と高音域の聞こえ方の差が激しく（低い音が聞こえにくく）なります。つまり、聴感上でフラットになるようにレベルのバランスを取っていけば、必然的に高音域よりも低音域の方が音量が大きくなるわけです。

　さらに、ミキシングの際に注意すべきはモニター音量であることもわかりますね。ミックス作業中はモニター音量を大きくしがちなので、その状態で低音域のバランスを取ってしまうと、通常のリスニングレベルで聴いた際に低音域が不足する傾向にあります。そうならないためにも、時折モニター音量を絞って小音量での聞こえ方をチェックするようにしましょう。

● クリッピングについて

　トラックのレベルが0dBを超え、メーター上端に赤または黄色のインジーケーターが点灯する現象を"クリッピング"と呼びます。

　クリッピングはノイズの原因となるため、従来はあらゆる場面で避けるべきものとされてきましたが、現在は少し事情が異なってきています。ほとんどのDAWで32bit float（またはそれ以上）による内部処理が実装されているためです。

　32bit float内部処理環境では、マスタートラックの最終段までにクリッピングを解決すればノイズは発生しません（ギターやボーカルといったコンピュータ外部で行う演奏を、オーディオインターフェースを経由して録音する際に、オーディオインターフェース内でクリッピングが生じたものは除く）。言い換えれば、マスタートラックでクリッピングが生じない限り、個々のトラック上で生じたクリッピングは、気にしなくていいのです。極端な話、マスタートラックの最後に出力レベルが0dBを越えないように設定したリミッターをインサートしておけば、ミックスの出来不出来は別として、クリッピングの心配は不要になります。

　ただ、いくらクリッピングが発生していないから大丈夫と言っても、レベルメーターが振り切れてしまうような音量設定ではダイナミクスを視認できなくなってしまいますし、ルーティング先のバストラックやマスタートラックでコンプレッサーをかけるときなどにパラメーターの設定が難しくなってしまいます。

　そのため、"個々のトラックでは、基本的にクリップを発生させないのが原則だが、一瞬のピークによるクリッピングくらいは目をつぶっていい"という程度の認識で、レベル調整を行うようにしてください。

Theory 03　定位（パン）の調整

　定位（パン）の調整は、さまざまな楽器をバランスよく聴かせ、臨場感を醸成するための重要な項目です。またアレンジとの関係も深く、楽器の選択や楽器間のバランスを決め、完成形をイメージするためにも、制作の際、早い段階で着手すべきプロセスと言えます。

● 定位設定の指針

　前述のように、定位を決める際、センターに定位させるものは原則的に決まっており、音楽の三大要素(メロディ、リズム、ハーモニー)のうち、メロディとリズムに相当するトラックをセンターに定位させるのが望ましいとされています。一般的なバンド構成で考えると、ボーカルやリード楽器、ベース、ドラムのスネア、キックなどが、メロディとリズムに相当するトラックに当てはまります。

　一方、ハーモニーに該当するギターやピアノ、シンセパートなどは、センター定位のトラックとのぶつかりを避けるため、また、ステレオ効果による空間の広がりを演出するため、センターを避けるように定位させるのが普通です。

　なお、ドラムの中でも、シンバルやハイハットといったいわゆる金物系や、主にフィルインに使用されるタムなどは、実際のドラムセットの配置を想定して左右に定位を振り分けるスタイルが多く見受けられます。もちろんこの場合は、ドラム全体をレコーディングしたステレオのオーバーヘッドマイクやアンビエンスマイクとも矛盾しないように定位させる必要があります。

　どのトラックをどこに定位させればいいのかについては、左右の音の高さ（＝周波数特性)が1つの指針になります。たとえば、左右いずれか片方に高音域がメインとなるトラックを集めたとしたらどうでしょう？

　聴きにくいだろうことは容易に想像できますね。つまり、周波数特性が似通った楽器を左右バランスよく配置することが肝要ということです。

　ただし、そうは言っても完璧に音域的な左右対称を得ることは不可能ですので、パンを振る量で調整を図ります。音域的に近いもの（2枚のクラッシュシンバル同士やギターとピアノの組み合わせなど）は大きくパンを左右に振り分けることができますが、ハイハットやベルなどのように音域的に他の楽器とあまり近くないものは、比較的内側寄りに定位させることを目安としてください。

　特に、高音域（1,000〜10,000Hz程度）が強い楽器は耳につきやすいので、慎重に定位を決めましょう。また、中音域（100〜1,000Hz程度）が強い楽器はセンター定位の楽器とかぶりを起こしやすいため、なるべく左右のバランスを取りながら外側に定位させるべきです。

　最終的なサウンドにどれくらい左右の広がりを持たせればいいのかについては、ジャンルやトラック数が関係してきます。現代のロック／ポップスのように多くのトラックを使って複雑かつ高音圧で聴かせるジャンルの場合、左右の広さを目一杯使って各楽器の分離感と迫力を出していくスタイルが一般的です。

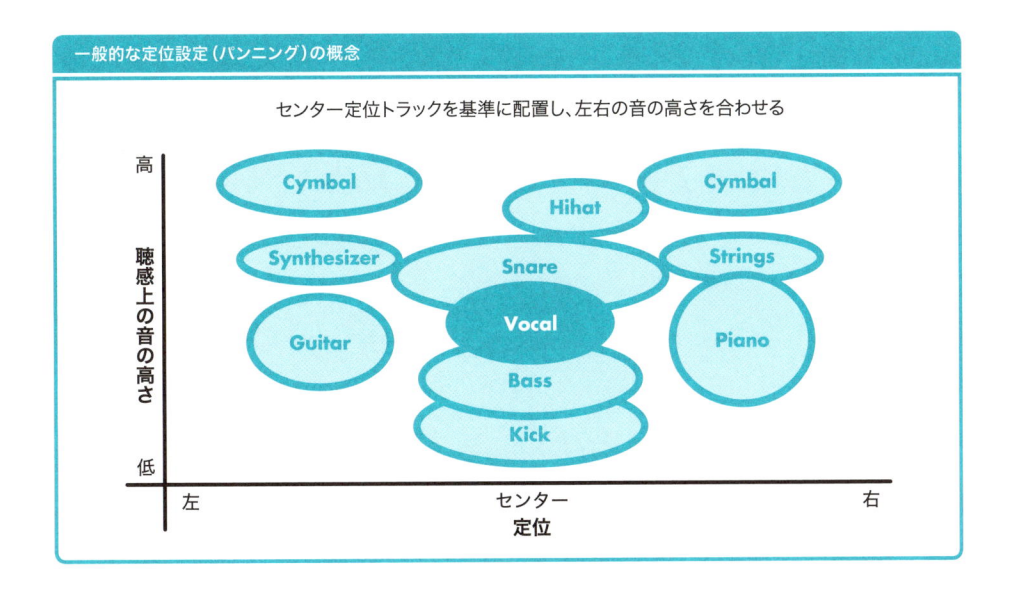

一般的な定位設定（パンニング）の概念

センター定位トラックを基準に配置し、左右の音の高さを合わせる

聴感上の音の高さ（高／低）

Cymbal　Cymbal
Hihat
Synthesizer　Snare　Strings
Guitar　Vocal　Piano
Bass
Kick

左　センター　右
定位

一方で、弾き語りのようなシンプルなトラック構成の場合、あまり楽器間の距離を空けすぎてしまうとセッションの一体感が損なわれてしまいますので、必然的にパンの幅は狭くなります。

以上のようなポイントを指針に、埋もれたトラックはないか、浮いてしまったトラックはないかなど、全体を俯瞰しながらパンニングを行ってください。

⏺ ステレオトラックでの定位

モノラルトラックとステレオトラックでは、厳密にはパンの仕組みが違います。モノラルトラックは単純に左右のスピーカーの音量差で定位を移動させるのに対し、ステレオトラックは左右から出ている音が違うため、それらの音量バランスをコントロールし、初期の左右バランスを変化させながら定位感を決めていきます。そのため、ステレオトラックでの定位操作をパンと区別して、バランスと呼ぶ場合があります。

最近のシンセサイザーやソフトウェア音源などのように、音色自体がステレオ出力を活かして作成されているものは、まず初期状態の定位感を確認し、それをどう変化させていきたいのかを具体的にイメージしながらバランスを調整していきましょう。とは言え、実際の作業では、よほど使用する音色が全体のミックスの左右バランスを崩してしまうようなことでもない限り、あえて定位を調整する必要は生じないはずです。どうしてもどちらかに定位を振りたい場合は、本来のステレオイメージ（左右の広がり感）を若干削りながら、右あるいは左側に寄せることとなります。

なお、その場合には、ステレオイメージャーを使って調整するのも手です。多くのステレオイメージャーではステレオソースの定位感を視覚的に確認しながら調整することができ、DAWのトラックに装備されているパンポットでパンニングを行ったときよりも、より緻密な定位調整ができる利点があります。

● Pan Law

　パンに関する予備知識として、1つおぼえておいてほしいのがPan Lawです。た
とえばパンを振り切った場合、使用するスピーカーは左右どちらか1つになります
が、パンをセンターに設定した場合は2つのスピーカーを均等に使用するため、パ
ンを振ったときよりも音量が大きくなります。この差を補正するための設定をPan
Lawと呼んでいます。

　ほとんどのDAWの初期設定メニューに、このPan Lawの設定項目が用意され
ており、多くの場合、センター定位の際に左右に振り切った際の音量からどの程
度差し引くかを−3dB、−4.5dB、−6dBなどから選択できるようになっています。
基本的には使用しているDAWのデフォルト値から変えなくてかまいませんが、異
なるDAWや自分以外のメンバーとやり取りしながらミキシング作業を行う場合な
どには、あらかじめお互いのPan Lawの設定値を合わせておく必要があります。

定位（パン）の調整

Theory 04　トラック間のルーティング

　DAWのミキシング画面のほとんどが、大型コンソールを模した作りになっています。ミックス作業にとって、その配置が最も理にかなっているからだと思います。

　とは言えDAWの場合、オーディオ信号の流れはデジタルで内部管理／処理されるため、ルーティングにおけるフレキシビリティの高さは実機と段違い。操作方法はDAWによって異なるものの、"このトラックの信号をここから分岐して、あのトラックに送る""あのトラックからの信号を、このトラックに入力する"というように、オーディオ信号の流れる道筋をたどるように入出力を設定していけば、実機では手間のかかった複雑なルーティングでさえも、簡単に設定できるようになっています。また、多くのDAWでは、ルーティングに必要な回線（バス）の数が自由に設定でき、実機のような、ハードウェアスペック上の制限がないということも、DAWミキシングならではの利点と言えます。

　この利点を生かさない手はありません。さっそく各種のルーティングについて解説していくことにしましょう、

● センドルーティング

　センドは主にトラックにエフェクトをかける際に使用されるルーティングです。センドルーティングの特徴としては、複数のトラックで同じ設定のエフェクトを共有できることや、ソースの音量感が変わらないことなどが挙げられます。

■センドルーティングの仕組みと特徴

　センドルーティングを簡単に表せば、トラックからマスターアウトへ向かうオーディオ信号を途中で分岐させる接続法と言えます。そのため、当然、分岐後の信

号（センド信号）を受けるための専用トラックを用意し、セットとして考えるのが前提となります。このセンド信号を受けるトラックは、DAWによってAUXトラックやFXチャンネルトラックなどと呼ばれていますが、意味するところは同じです。なお、センドトラックにインサートしたエフェクトに、ソース（ドライ）とエフェクト（ウェット）音のミックスバランスを調整するパラメーターがある場合は、必ずその比率をウエット100%、つまりエフェクト音のみが出力される状態に設定してください。

　センドトラックに配置したエフェクトを利用したいトラック（ここでは仮にトラック1とします）から、センドトラックへのセンド設定を行うことが、すなわちセンドルーティングとなります。その際に最も基本となるのは分岐信号の分量です。

　トラック1には、この分量を設定するためのセンドパラメーターがノブやフェーダーの形で装備されています。センド量の多寡によって、トラック1にかかるエフェクトの相対的な量が決まります。また、エフェクトの絶対量は、センドトラックのフェーダーでのレベル調節によって決まります。センドトラックのフェーダーが下がりきった状態や、センドトラックをミュートした状態では、たとえトラック1のセンド量を最大に設定したとしてもエフェクトはかかりません。

　センドトラックからは、エフェクト成分100%の音がマスターアウトに向かって出力されます。つまり、センドルーティングは、トラック1からマスターアウトへ向かうソース本来のオーディオ信号に、センドトラックからのエフェクト成分100%のオーディオ信号が足される形で成立するわけです。オーディオ信号が足し合わされる＝音量が上がることですから、センドルーティングでエフェクトを利用すると、エフェクト成分の分だけミックス全体の音量が上がると言うことができます。このことは、ぜひおぼえておいてください。

　センドトラックは複数トラック（たとえばトラック1〜2）からのセンド信号を一手に引き受けることができます。それぞれのセンドパラメーター設定によって量が決められた、トラック1〜2からの2つのセンド信号は、センドトラック内で1つになり、エフェクトはその1つになった信号に対してかかります。

このトラック1〜2からのセンド信号を反映したセンドトラックからのエフェクト音と、トラック1〜2本来の信号を足し合わせることで、2つのトラックに、同じ設定のエフェクトを、個別の深さでかけているのと同じ結果がもたらされます。つまりこれがエフェクトの共有というわけです。

■ポストフェーダーセンドとプリフェーダーセンド

さらにセンドルーティングは、センド信号の分岐をどこから行うかによって、ポストフェーダーセンドとプリフェーダーセンドの2つのルーティングに分けることができます。名称からも想像がつくと思いますが、ポストフェーダーセンドはトラックフェーダーの後段、プリフェーダーセンドはトラックフェーダーの前段でセンド信号の分岐が行われます。

分岐位置の違いによる結果の違いは明確です。

ポストフェーダーセンドでは、センドノブ（センドフェーダー）によるセンド信号のレベル設定は、トラックフェーダーを通過したオーディオ信号に対する加減値としての設定になります。たとえばトラックフェーダーを0dB、センドノブを−3dBの位置に設定したケースでは、センド信号は常にトラックレベルより3dB低いレベルで出力されますから、仮にそのままトラックフェーダーを−2dBの位置まで下げたとすれば、実質的なセンド信号はトラックレベルよりも3dB低い−5dBで出力されます。この、"いったんトラックフェーダーとセンドノブで決めたソースとセンド信号の差（バランスと言い換えてもいいでしょう）が以降も保持される"という点が、ポストフェーダーセンドの長所と言えます。曲中でトラックフェーダーの設定を動かすようなケースが多い実際のミキシングでは、トラックフェーダーの変動にかかわらずソースとセンド信号のバランスが一定であった方が作業の理にかなっているため、通常はポストフェーダー方式のセンドルーティングが用いられます。

一方、プリフェーダーセンドでは、センドノブで設定したセンド信号のレベルは、トラックフェーダーを通過する前のオーディオ信号に対する加減値としての設

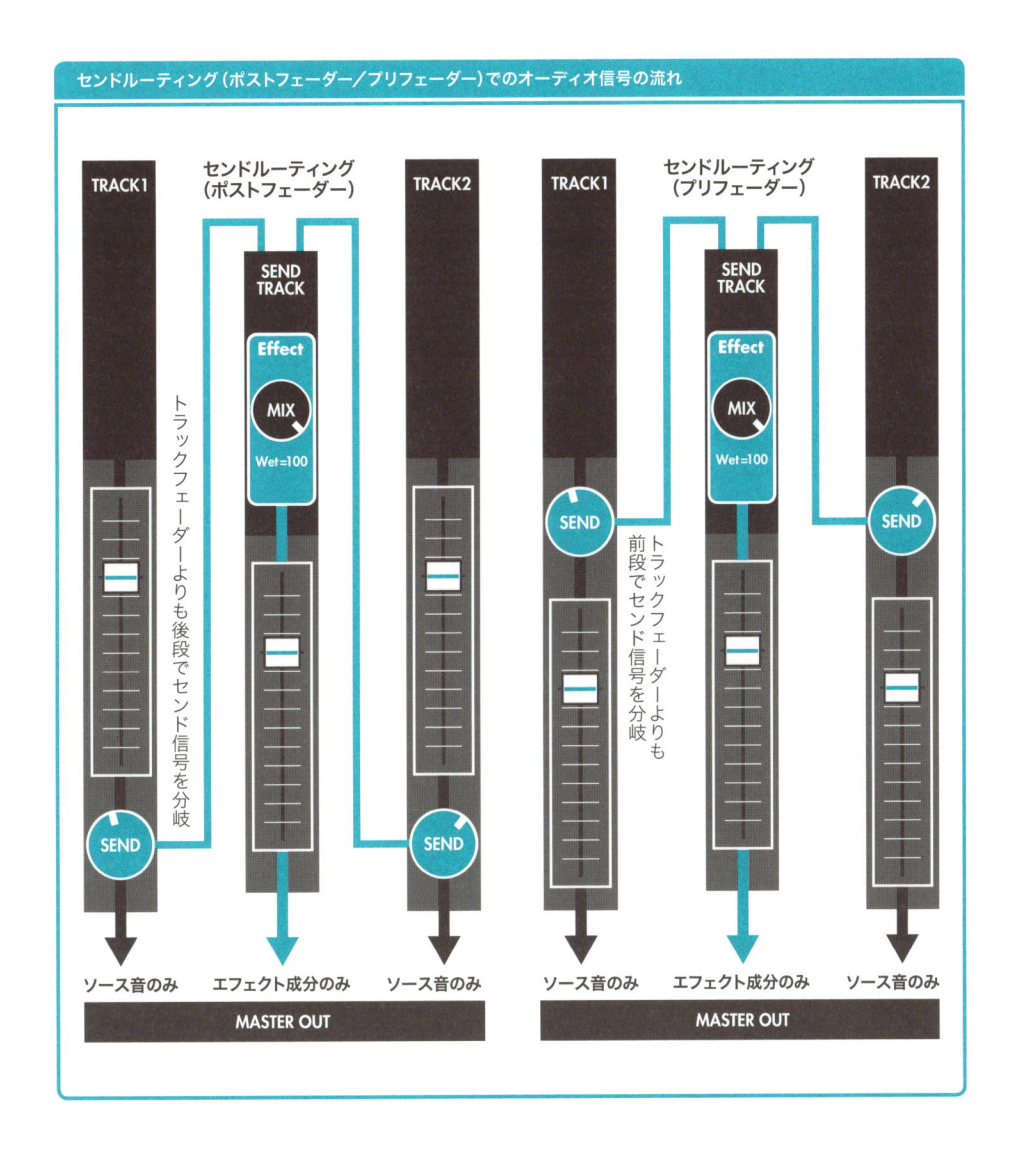

セントルーティング（ポストフェーダー／プリフェーダー）でのオーディオ信号の流れ

定になります。そのため、たとえトラックフェーダーを下げきったとしても、センド信号はセンドノブで設定したレベルのまま維持されます。ソースとセンド信号の音量を個別設定できるこのプリフェーダーセンドの長所を活用すると、曲中の任意の位置でトラックフェーダーを下げきってエフェクト音だけのサウンドにする、といったミキシングの飛び道具的な仕掛けなどが可能になります。

トラック間のルーティング

■センドパン

いくつか例外はあるものの、DAWにはセンド信号に対するパン設定機能＝セ
ンドパンがノブやフェーダーの形で装備されているのが普通です。センドパンはセ
ンドノブの後段に位置しており、その設定は常にトラックのパンとは無関係に機能
します。また、センドレベル設定とは違って、センドパン設定にはポストフェーダー
／プリフェーダーによる結果の差はありません。加えて、信号の流れを考えれば

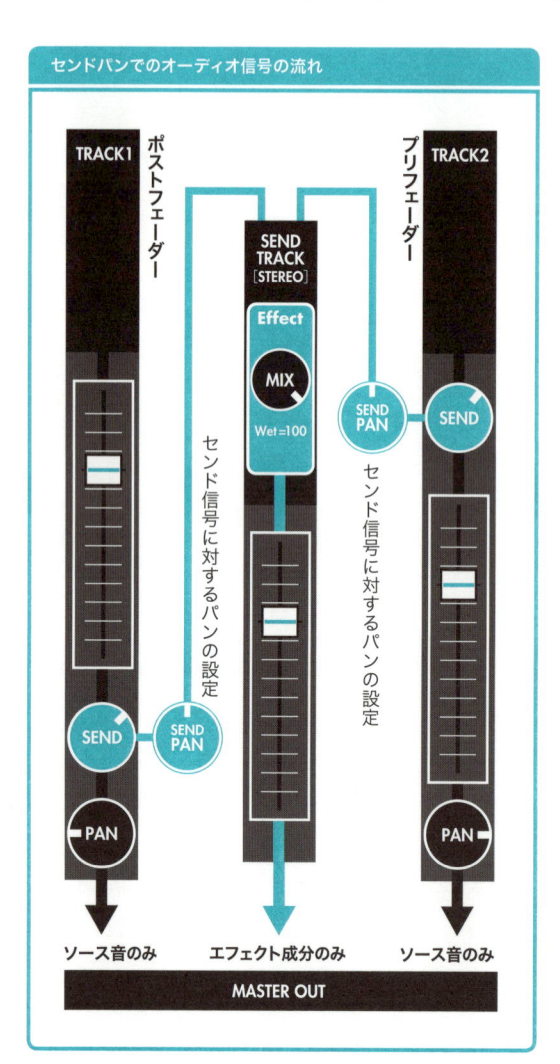

センドパンでのオーディオ信号の流れ

わかると思いますが、モノラ
ルトラックからモノラルのセン
ドトラックへのセンドルーティ
ングでは、センドパン、トラッ
クパンとも機能せず、センドト
ラック上のパンだけが機能す
ることを付記しておきます。

一般的にトラックのパン設
定とセンドパン設定は同一に
した方が音像がスッキリする
とされています。ただし、ミッ
クス全体の一体感を増したい
といったケースなどでは、ト
ラックのパンがどのような位
置になっているかにかかわら
ず、センドパンをセンターに設
定しておく方が良い結果につ
ながることもあります。

実作業においては、単純に
トラックのパンとセンドパンを

そろえてしまうのではなく、分離感を出したいのか一体感を出したいのかなどを勘案しながらトラックパンとセンドパンの位置関係を決めていきましょう。さらに、トラック数が少ない場合などは、左右の音像的な偏りを避けるために、センドパンをトラックのパンと逆方向に設定してバランスを取るテクニックもあります。

　センドトラック上のパンは、通常センターに設定しておきます。こうすることでセンドパンでの設定がそのままステレオ定位に反映されたエフェクトが得られます。仮にここでセンター以外にパンを設定すると、センドパンを利用するしないにかかわらず、エフェクト音のステレオの中心軸が左右どちらかに偏ることになります。

🕐 バスルーティング

　複数のトラックからのオーディオ出力信号を1つにまとめるのがバスルーティングです。ミキシングにおいては個別のトラック処理作業だけでなく、バスルーティングを利用して関係性の深いトラックを一括処理する方が合理的なケースも多いため、ここで理解を深めて、ぜひ積極的に活用していってください。

■バスルーティングの仕組みと特徴

　重複しますが、バスルーティングとは複数のトラックから出力されるオーディオ信号をミックスするルーティングです。そういう意味では通常のマスターアウトも広義のバスルーティングということになりますが、ここで言うバスルーティングは、マスターアウトの前段に設ける、副次的なミックストラックを利用するためのルーティングを意味するものです。そのため、まずは、まとめたいトラックからの出力信号を受けるための専用トラック（バストラックやサブミックストラックなどと呼ばれます）を用意し、まとめたいトラックとのセットとして考えるのが前提となります。このバストラックは、DAWによってAUXトラックやグループチャンネルトラックといった名称で呼ばれることもありますが、意味するところは同じです。

　なお、バストラックでのエフェクトの扱いは、通常のトラックにインサートして利用する際と同じで、センドルーティングのときのように必ずウェット100％に設定しなければならないといったことはなく、ドライ／ウェットの比率はケースに合わせて任意に設定してかまいません。

　バスルーティングでは、通常ならばマスターアウトに設定されているトラックからの出力を、いったん丸ごとバストラックへ送り（もちろんトラックにエフェクトをインサートしている場合は、その効果も含めたオーディオ信号がバストラックへ送ら

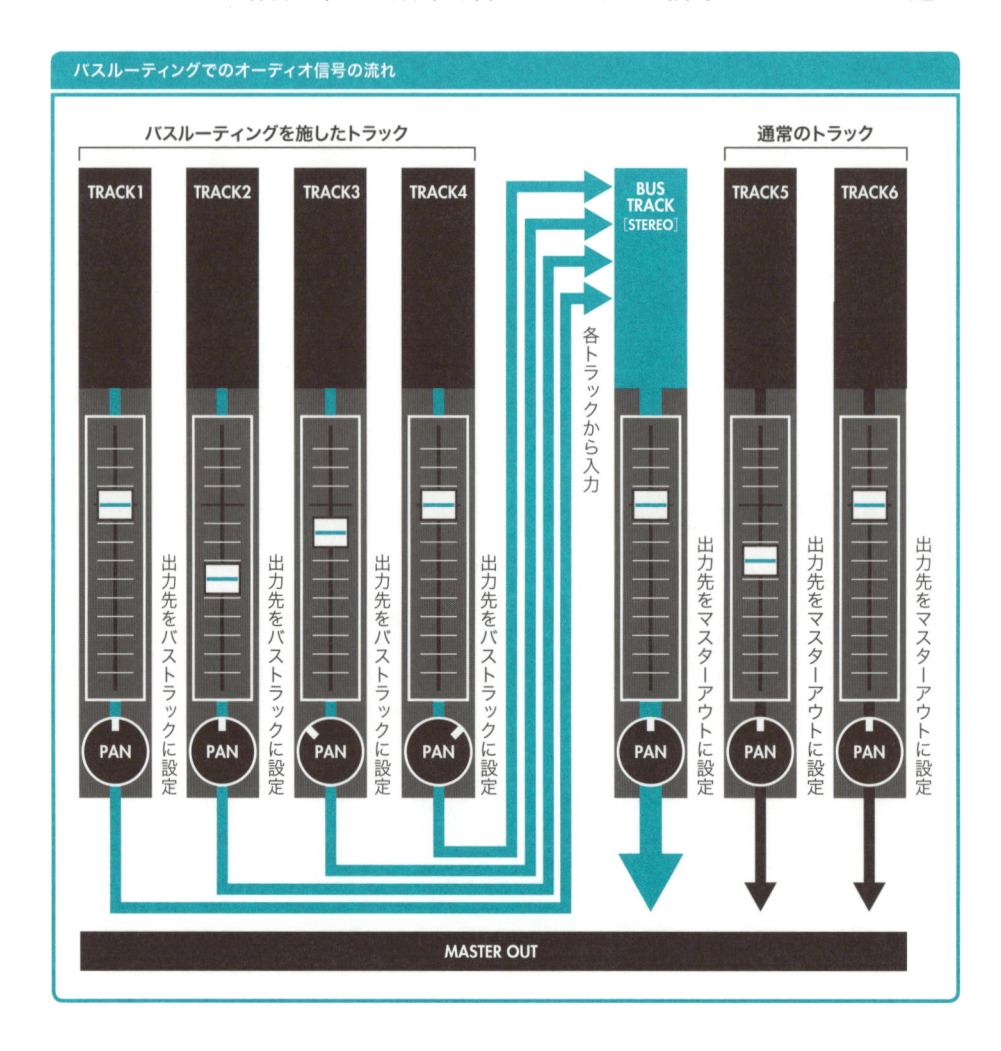

バスルーティングでのオーディオ信号の流れ

れます)、その上で、バストラックからの出力をマスターアウトに送ることになります。オーディオ信号の流れとしては、まさにメインミックスの前に置かれたサブミックスという形であることがわかるでしょう。バストラックのトラックフェーダーを上下させたり、ソロやミュートを行うと、バスルーティングを施したトラック全体のレベルコントロールやソロ／ミュートが行えるようになります。また、バストラックのパンをセンターに設定しておけば、各トラックでの個別のパン設定をそのまま出力に反映させることができ、センター以外に設定すれば、各トラックでのパンの設定を生かしつつ、トータルなパン振りを行うことが可能です。

　一方、バストラックにエフェクトをインサートすれば、バスルーティングを施したトラック全体のオーディオ信号を対象にしたエフェクト処理を行うこともできます。実際、マルチマイクでレコーディングした(もしくはドラム音源からパラアウトした)トラックをバスルーティングでまとめていわゆるドラムバスとし、そこにコンプレッサーをかけるといったケースや、第1バイオリン、第2バイオリン、ビオラ、チェロに分かれたトラックをストリングスバスとし、そこにEQ処理を行うといったケースは、ミキシング作業において頻繁に現れます。さらにバストラックではインサートするだけでなく、バストラックにまとめられたオーディオ信号に対してセンドルーティングを行うケースも珍しくありません。

　なお、似たようなことはセンドルーティングでも触れましたが、バストラックの場合も、モノラルトラックからモノラルバストラックへルーティングすると、元のトラックのパンは無効となります(バストラックのパンは機能します)。

　トラックを分けて部分録りしたメインボーカルのように、元のトラックでのパンの振り分けが意味をなさないケースなどは、このルーティングでかまいません。逆に、ドラムやストリングスアンサンブルなどのように、モノラルとステレオトラックが混在していたり、パンの振り分けを生かしたまままとめたい場合などは、ステレオトラックからはもちろん、モノラルトラックからもステレオバストラックへルーティングするようにしてください。

トラック間のルーティング

🔵 サイドチェーン

　サイドチェーンは、センドルーティングから派生したエフェクトコントロールのテクニックの1つで、一部のグレードを除く、ほとんどのDAWがこのルーティングに対応したエフェクトをバンドルしています。後述するインターナル（内部）サイドチェーンと区別して、エクスターナル（外部）サイドチェーンと呼ばれることもあります。本書では以後これをEXTサイドチェーンと表記することにします。

　EXTサイドチェーンがどういうはたらきをするものなのか説明すると、通常、エフェクトはインサートされているトラックのソースを元に効果の量を演算し、その結果をソースに加えるのに対して、EXTサイドチェーンを利用した場合は、たとえばトラック1からのセンド信号を元に、トラック2にインサートされたエフェクトが効果の量を演算して、その結果をトラック2のソースに加えるようになる、となります。ただ、こんな書き方よりも、ナレーションが入るとともに自動的にBGMの音量が下がり、ナレーションの終わりとともに自動的にBGMの音量が元に戻る、あの効果がEXTサイドチェーンだと言った方ピンとくるでしょう（FILE03：EXTサイドチェーン未設定時／FILE04：EXTサイドチェーン設定時）。

■EXTサイドチェーンの仕組みと特徴

　EXTサイドチェーンが通常のセンドルーティングと異なる点は、センド信号の行き先がセンドトラックではなく、エフェクトに用意されているEXTサイドチェーン入力（コントロール入力などと呼ばれることもあります）であることです。

　ここではEXTサイドチェーン入力対応のコンプレッサーの使用を例にして話を進めましょう。ミキシングの作業の中でよくあるのが、キックの存在感を増すために音域がかぶりがちなベースのレベルをキックの発音タイミングに合わせて抑えたい、というケースです。このケースでは、キックのレベルでベースにかけるコンプレッサーの効果をコントロールできるようなルーティングが必要になります。

　そのためには、まずベースのトラックにコンプレッサーをインサートし、EXTサ

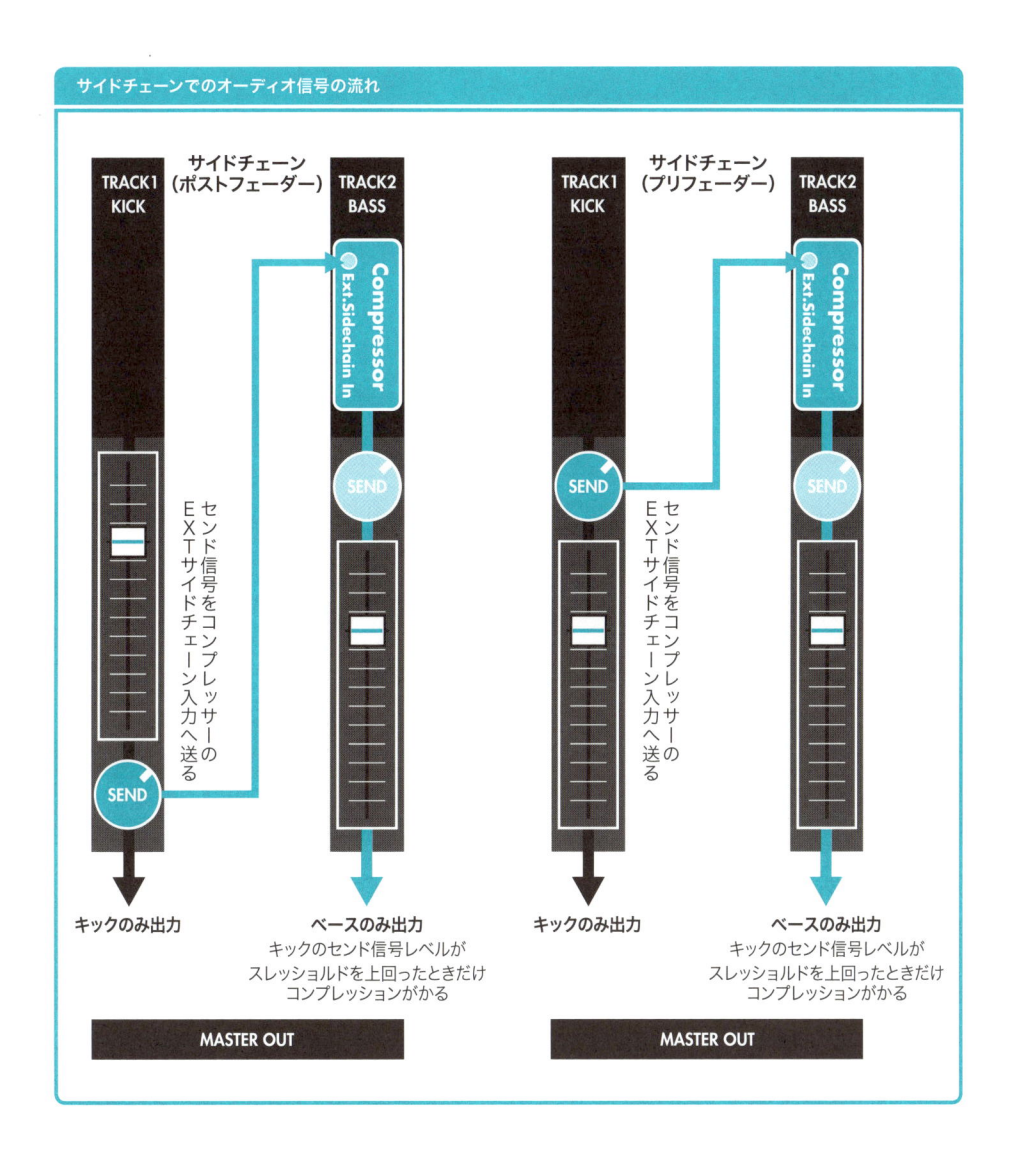

サイドチェーンでのオーディオ信号の流れ

TRACK1 KICK　サイドチェーン（ポストフェーダー）　TRACK2 BASS

Compressor Ext.Sidechain In

SEND

SEND

センド信号をコンプレッサーのEXTサイドチェーン入力へ送る

キックのみ出力

ベースのみ出力
キックのセンド信号レベルが
スレッショルドを上回ったときだけ
コンプレッションがかる

MASTER OUT

TRACK1 KICK　サイドチェーン（プリフェーダー）　TRACK2 BASS

Compressor Ext.Sidechain In

SEND

SEND

センド信号をコンプレッサーのEXTサイドチェーン入力へ送る

キックのみ出力

ベースのみ出力
キックのセンド信号レベルが
スレッショルドを上回ったときだけ
コンプレッションがかる

MASTER OUT

イドチェーン入力機能を有効にしてください（DAWによって操作は異なります）。

　次に、キックのトラックで行うセンド設定と、ベースのトラックにインサートしているコンプレッサーで行うEXTサイドチェーン入力設定の2つの設定操作に移ります。要するにここで、センド信号の送り出し側とそれを受け取る側の出入り口を結びつける作業を行うわけです。

　出口と入り口のどちら側から見るかで、センド設定とEXTサイドチェーン入力設定のように呼び名は変わりますが、そこに流れるのはセンド信号ですから、考え方としてはシンプルです。具体的な操作として並べてみましょう。

　キックのトラックでセンド信号の送り先を指定する操作を行うと、多くのDAWでは送り先の候補がリストに表示されるようになっており、その中にベースのトラックにインサートしたコンプレッサーも含まれているはずです。そのリストの中からセンド信号の出力先としてこのコンプレッサーを選びます。

　一方、ベースのトラックにインサートしているコンプレッサーでEXTサイドチェーン入力の受け入れ口を指定する操作を行うと、やはり受け入れ可能な候補がリストに表示されるようになっているので、その中からキックのトラックから送られてくるセンド信号を選びます。

　どちらの操作から先に行うかはDAWによって違いますが、こうすることで、キックのトラックとベースのトラックにインサートしたコンプレッサーの間でEXTサイドチェーンのルーティングが確立する点は共通しています。なお、DAWによってはセンド信号の出力先候補としてバス名が表示されるタイプもあります。この場合は、EXTサイドチェーンのルーティングに利用するバス名が、キックのトラック側でのセンド設定と、ベースのトラックにインサートしたコンプレッサー側でのEXTサイドチェーン入力設定の両方で等しくなるように設定することになります。

　EXTサイドチェーンのルーティングが確立すると、ベースのトラックにインサートしたコンプレッサーが、ベースの出力レベルではなくキックの出力レベルに反応するようになります。コンプレッサーのパラメーターについての詳細は後述しますが、スレッショルド、レシオ、アタック、リリース、ニー、アウトプットゲインといった基本パラメーターのうち、スレッショルド以外の設定はすべてベースのトラックの出力に反映されます。スレッショルドは設定したレベルを境にしてコンプレッションをオン／オフするスイッチの役割を果たすパラメーターですが、ここでの値の設定はキックのレベルを対象にして行います。

　ちなみにキックのトラックからの出力は、EXTサイドチェーンのルーティングの影響をまったく受けません。もちろん、コンプレッサーに入力されたキックのセンド信号が、ベースのトラックからベースに混じって出力されることもありません。

■EXTサイドチェーンのコツと注意点

　EXTサイドチェーンに用いるセンド信号のレベルは、0dBに設定するのが原則です。理屈の上では、コンプレッサーのスレッショルド設定を固定し、センド信号のレベル設定を調整することでもコンプレッションのオン／オフのコントロールは可能ですが、同じ結果を得るならばコンプレッサー上でスレッショルド設定を行う方が合理的です。少なくとも両方を操作するのは混乱の元になりますから、やめておいた方が無難です。

　また、EXTサイドチェーンに使用するセンド信号については、ポスト／プリフェーダーのどちらを選択することもできます。

　通常のミキシング時にはポストフェーダーセンドを利用することが普通ですが、ミキシングというよりもサウンドメイキングの一環として、ダッキング効果を得るためにサイドチェーンを用いるようなケースもあります。このようなとき、キックのトラックフェーダーの変動にかかわらず定常的なダッキング効果を得たいならば、プリフェーダーセンドを利用することになります。

Add Note　プロジェクトのサンプリングレートとビット解像度

　ミキシングから少し離れますが、ここでプロジェクトのサンプリングレートとビット解像度設定についておさらいしておくことにしましょう。

　サンプリングレートとは、アナログ信号からデジタル信号に変換する際に、1秒間に実行するサンプリング回数のことを指します。この数値が高いほどアナログ信号の再現率が高く、高音質ということになります。低い数値だと主に高音域の再現性が犠牲となり、こもった音質になります。

　一方ビット解像度は、音量の解像度とも言うべきもので、レコーディングの際に何段階で音量の大きさを表現するかを表す数値です。たとえば24ビットの場合ならば、2の24乗（16,777,216）段階で音量の違いを表現します。ビット解像度値の大小が及ぼすサウンドへの影響は、特に小さな音でレコーディングした際に顕著になり、高い数値の方が小さな音量でもなめらかな推移表現が可能なのに対し、低い数値ではザラついたような音質となります。

　なお、通常の音楽制作ならば、ほぼ44.1kHz/24bitでこと足りるでしょう。ハイレゾ配信を前提にした作品や、高音質でデータを残しておきたいケースなどでは、サンプリングレートに48kHz〜96kHzを選択してください。

　ちなみに、現在多くのDAWで、○bit floatといった浮動小数点処理によるビット解像度を選択できるようになっていますが、レコーディング時にDAW側で音量操作を行う場合を除いては、あえてこれを選ぶ必要はありません。

　一方、DAW内のトラックをいったん書き出して再度読み込む場合などは、プロジェクトのビット解像度設定とは別に、書き出し時と読み込み時のビット解像度設定をDAWの内部処理ビット解像度（32bit floatや64bit floatなど）と合わせておくことで、作業による音質の劣化を防止することができます。

MIXING THEORY

ミキシングの基礎

サウンドメイキングの基礎

サウンドメイキングの実際
ミキシングの実際

マスタリングの基礎
マスタリングの実際
APPENDIX

MASTERING THEORY

Theory 05　音質（EQ）の調整

　音質の調整に大きな役割を果たすのがEQ（イコライザー）です。EQは入力された音（ソース）に含まれている特定の周波数帯域だけを狙い、その部分の音量を上げ（ブースト）／下げ（カット）して音質を変化させるはたらきを持っています。

　このEQの調整操作をイコライジングと呼び、ソースがどのような音質か、他のどのトラックと関係が深いか、それらを踏まえてどのような音質にすべきか、などさまざまな要素を考慮しながら行います。まずはEQの効果を聴いてください（FILE05：EQ処理前／FILE06：EQ処理後）。

◉ パラメトリックEQのパラメーター

　EQはあらかじめ狙える周波数帯域が決められているグラフィックEQと、狙う帯域を自由に設定できるパラメトリックEQの2つのタイプに大別できます。ここでは、ミキシングの際に最も多用し、ほとんどのDAWに標準でバンドルされているほどポピュラーな存在であるパラメトリックEQと、その系統に属するものから紹介していくことにしましょう。

　例に挙げたのはStudio One ProfessionalにバンドルされているPro EQです。これに限らず、パラメトリックEQには調整できる帯域を意味するバンドという概念があります。機種ごとに最大数が決まっており、多くは3〜8バンド程度（Pro EQの場合は、7バンド）の仕様になっています。

　各バンドにはEQカーブと呼ばれる、ブースト／カットの際に適用される形状のタイプがあります。主なものとしてピーク（ベル）、ハイシェルフ、ローシェルフ、ローパス（ハイカット）フィルター、ハイパス（ローカット）フィルターがあり、これらのカーブを用途に応じて使い分けられるようになっているのが普通です。

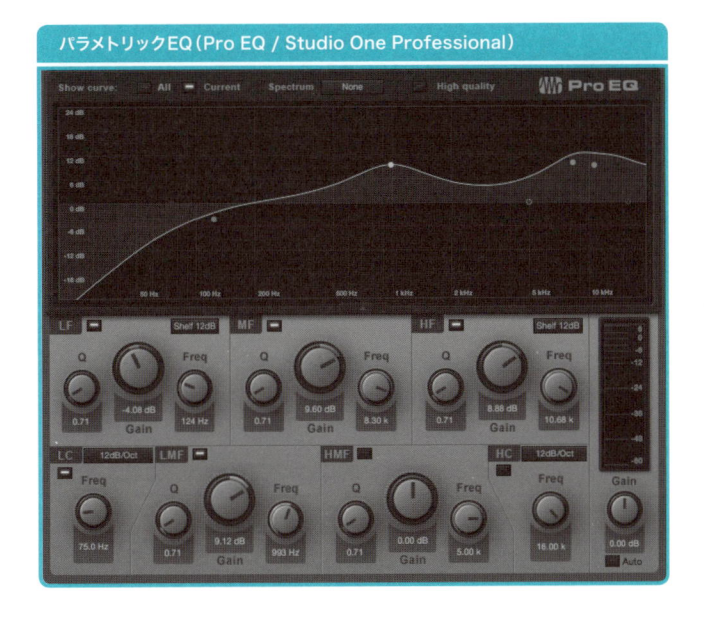

パラメトリックEQ（Pro EQ / Studio One Professional）

EQカーブのタイプ（主なもの）

ピーク（ベル）
指定した周波数を中心として山型にブースト／カットする

ハイシェルフ
指定した周波数付近から上の帯域をブースト／カットする

ローシェルフ
指定した周波数付近から下の帯域をブースト／カットする

ローパス（ハイカット）フィルター
指定した周波数付近から上を最小値に向けてカットする

ハイパス（ローカット）フィルター
指定した周波数付近から下を最小値に向けてカットする

音質（EQ）の調整

Pro EQでは、LF（ローフィルター）がピークと3種類のローシェルフから、HF（ハイフィルター）がピークと3種類のハイシェルフから、任意のカーブを選択することができます。

また、ローパス／ハイパスフィルターや一部のシェルフタイプでは、減衰スロープの急峻度を選ぶことができます。減衰率はdB/octという単位で表され、たとえば6dB/octならば、周波数が2倍（または1/2）になった時点でオーディオ信号の減衰量が6dB＝半分の音量になり、同じく12dB/octならば$1/4$（$=1/2^2$）、18dB/octならば$1/8$（$=1/2^3$）、24dB/octならば$1/16$（$=1/2^4$）の音量になります。dBの数値が大きいほど急激な減衰が行われるわけです。Pro EQの場合は、LC（ローカットフィルター）、HC（ハイカットフィルター）のそれぞれに、6dB/oct、12dB/oct、24dB/oct、36dB/oct、48dB/octの減衰率を適用できるようになっています。

一方、ピークタイプやシェルフタイプでブースト／カットを行う際の、スロープの急峻度をコントロールするパラメーターがQです。Qの値を大きく設定するほどスロープが急峻になり、ブースト／カットの対象となる周波数をピンポイントに絞っていくことができます。こういった設定は主にカットの際に用います。

　逆に値を小さく設定することでスロープがなだらかになり、ブースト／カットの対象となる周波数を中心にした周辺の帯域への影響を含めたナチュラルな変化となります（FILE 07：Qの値を大きく設定／FILE 08：Qの値を小さく設定）。

　なお、Qの値は、数値が"大きくなる"ほど幅が"狭くなる"という、ねじれた意味合いを持っています。意味を取り違えておぼえがちですので、間違えないようにしてください。

　カーブのタイプやスロープの特性を決めたら、Freqでターゲットとなる周波数（中心周波数と言います）を決め、ゲイン（Gain）を上下させてブースト／カットを行います。とは言え、慣れないうちは中心周波数をどこに設定していいのかの見当が、なかなかつかないと思います。そのようなときは、まず、ソースの傾向に合わせて大まかに高域か低域のどれか1つのバンドだけを有効にします。次に、そのバンドのQとブーストのゲインを極端に大きく設定し、フィルターにピークタイプを選んでください。この状態で、ソースを再生しながら中心周波数を最も低い方から高い方（あるいは逆でもかまいません）に向かってゆっくり移動させていきましょう。つまり、目的の周波数をピンポイントでサーチするわけです。

　こうすることで"あ、ここだ！"とピンとくるポイントが見つけやすくなりますので、その位置に中心周波数を定め、そこからあらためてQやゲイン、カーブの設定を適宜変更していきます。

🔵 リニアフェイズEQの特徴と用途

　パラメトリック／グラフィックを問わず、EQでは、イコライジングを行った周波数の付近で、わずかに音が進んだり遅れたりする現象（位相ずれ）が発生します。この位相ずれはサウンドを歪ませ、濁らせるものとして敬遠されがちですが、なにがなんでも絶対にダメということではなく、EQの機種固有の味として肯定的にとらえることもできるものです。

音質（EQ）の調整

とは言え、ケースによっては、あくまでサウンドに余計なテイストを加えたくないという場合があると思います。

その際に活用したいのがリニアフェイズEQです。リニアフェイズEQは、イコライジングによる位相ずれが起きない仕組みになっているEQで、処理後もソースのサウンドのクリアさが保たれるのが最大の特徴と言えます。オーディオ信号の処理アルゴリズムが異なるだけで、装備されているパラメーターは通常のパラメトリックEQと変わらず、設定操作自体にも違いはありません。ただし極端に音質を変えるようなイコライジングを行うと、プリリンギングと呼ばれる副作用が生じてしまい、サウンドのアタック感が鈍ってしまう可能性があることはおぼえておいてください。加えて、CPUの負荷が大きいというデメリットも持っています。

このような点を考慮すると、多数のトラックに対して個別に用いるよりも、サブミックスバスでのまとまったアンサンブルのサウンドや、マスターアウトの最終的にまとまったトータルなサウンドに対して、音質の微調整を行うために使用するのが適していると言えるでしょう。

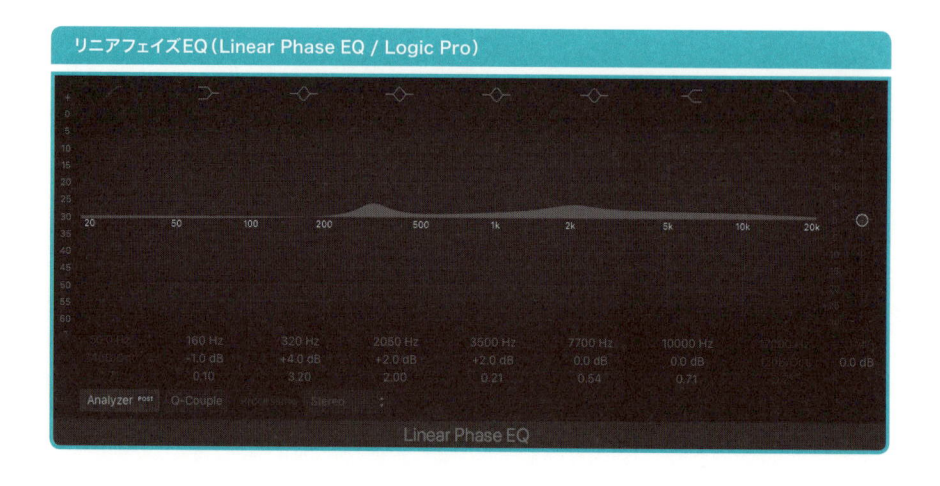

リニアフェイズEQ（Linear Phase EQ / Logic Pro）

Logic ProにはLinear Phase EQとしてバンドルされているリニアフェイズEQですが、有用度の高いエフェクトとして注目度が高い割に、現状ではまだすべての

DAWに標準でバンドルされている状況までには至っていません。試用可能な製品版としてIK MULTIMEDIAの**Linear Phase EQ**を挙げておきます。

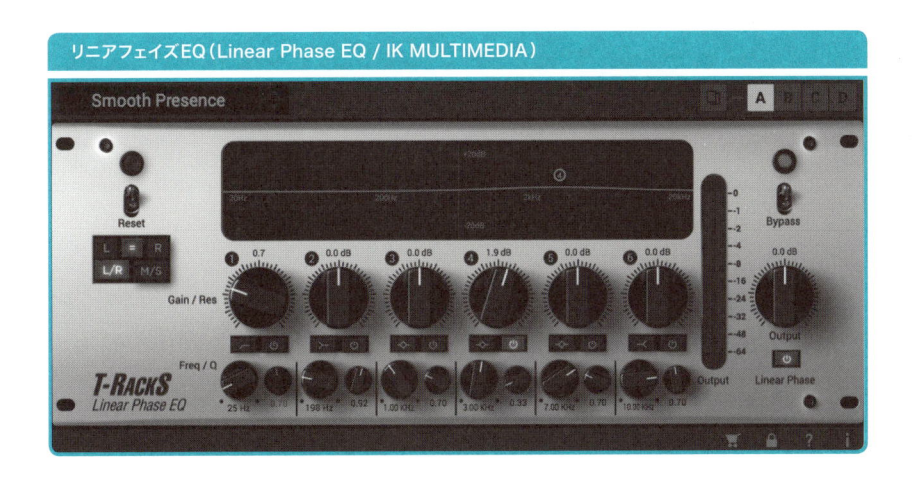

リニアフェイズEQ（Linear Phase EQ / IK MULTIMEDIA）

ダイナミックEQの特徴と用途

　通常のEQによるイコライジングでは、イコライジングの効果は設定した値に準じて一定となりますが、ダイナミックEQによるイコライジングでは入力音量に応じてイコライジングの効果が変動します。その点ではマルチバンドコンプと似たはたらきをするエフェクトと考えることができるでしょう（FILE09：通常の静的なEQ処理／FILE10：ダイナミックEQ処理）。

　パラメーターについても、通常のパラメトリックEQが持っているものに加えて、各バンドごとにコンプレッサーのような、スレッショルド、レシオ、アタック、リリースなどが用意され、一定の条件でブースト／カットを行ったり、その量を変動させることが可能になっています。

　用途としては、特定の箇所に現れるピークのみを抑えたいといった場合や、ドラムループ内の特定の打楽器だけを際立たせたい場合などに重宝します。

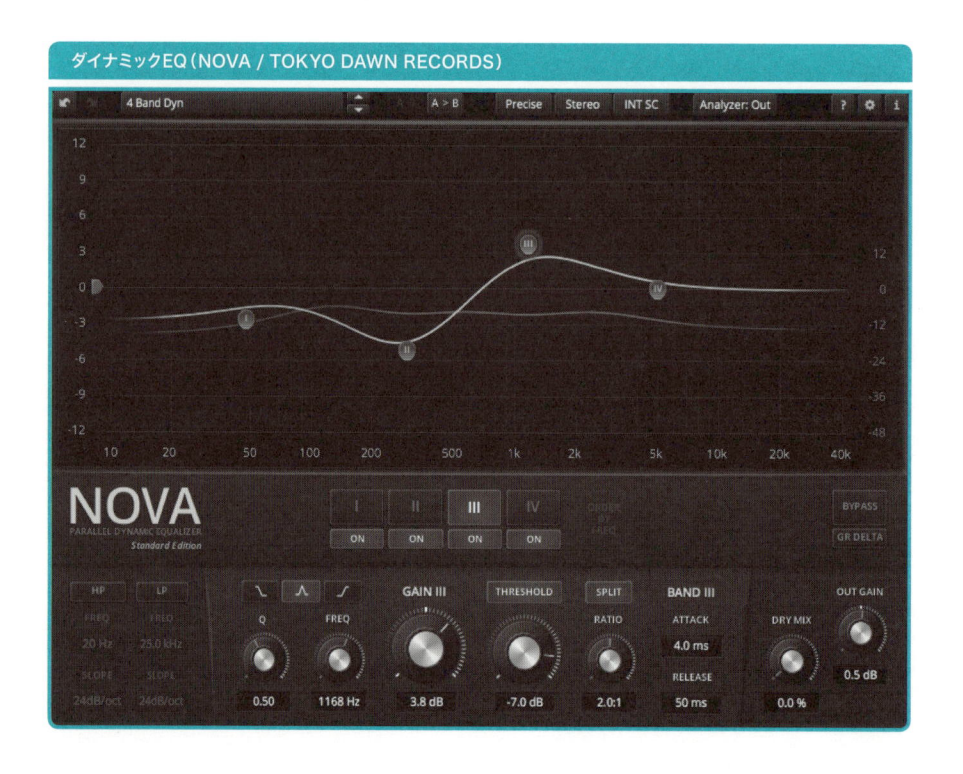

ダイナミックEQ（DYNAMIC EQUALIZER / Digital Performer）

　ダイナミックEQはDigital Performerに5バンドの**DYNAMIC EQUALIZER**として標準装備されている以外、現状のDAWにおいて標準で用意されているものはほとんど見かけません。ここでは入手可能なフリーウェアとしてTOKYO DAWN RECORDSの**NOVA**を挙げておきます。これは4バンドのダイナミックEQで、入門用としては十分なスペックを備えています。

ダイナミックEQ（NOVA / TOKYO DAWN RECORDS）

● グラフィックEQの特徴と用途

　グラフィックEQは帯域をいくつかに分割し、各バンドに設けられたスライダーやノブを使ってブースト／カットを行うタイプのEQです。実機ではAPIの560などが挙げられます。パラメトリックEQとは違い、ブースト／カットの際の中心周波数やQなどを自由に設定することはできませんが、各バンドの増減量を視覚的に把握しやすく、イコライジングによる周波数帯域の補正がどのようなイメージで行われるのかが一目瞭然であるところから、ミキシングとは無縁の一般的なユーザーが利用するiTunesなどの汎用音楽再生ソフトなどにも搭載されています。

　特定のバンドのピークを抑えたい場合や、多数のバンドを利用して自由にカーブを描いて調整したい場合などに適しており、PA現場などでは大活躍するEQと言えるでしょう。ミキシングではマスターアウトにインサートして、サウンドの最終的な補正を行うなどの用途に用いられます。

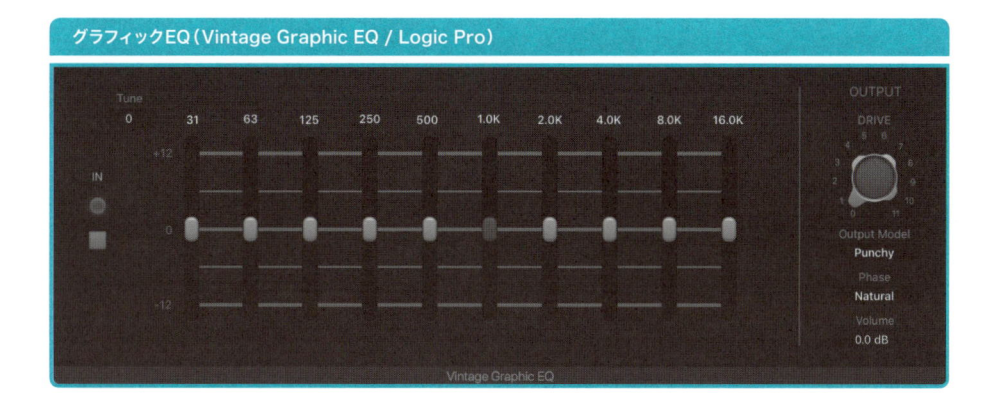

グラフィックEQ（Vintage Graphic EQ / Logic Pro）

　DAWにバンドルされるケースとしては、前述のAPI 560を意識した作りになっているLogic ProのVintage Graphic EQや、Cubase Proに用意されている30バンドのgeq-30、10バンドのgeq-10が挙げられます。Vintage Graphic EQは、実機をうまく再現したアナログテイストが、geq-30は25Hz〜20kHzまでをカバーするワイドレンジさが特徴になっています。

音質（EQ）の調整

　入手可能なフリーウェアとしては、20Hz〜20kHzを16バンドでカバーするリニアフェイズ仕様のVoxengo **Marvel GEQ**があります。

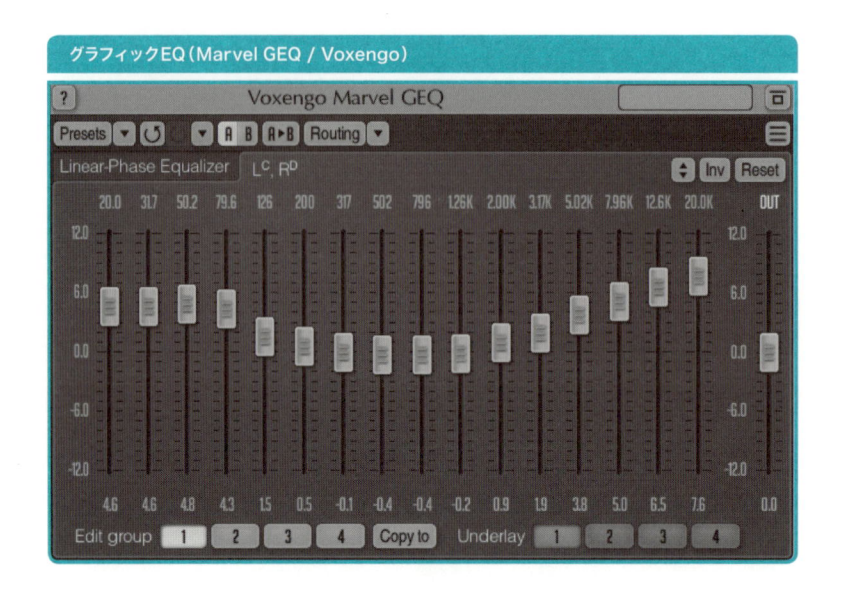

🕐 イコライジング時におけるスペクトラムアナライザーの援用

　イコライジング操作は基本的に聴感を頼りに行っていきますが、その際には、モニター環境による差や主観をなるべく排除するため、スペクトラム（周波数分布）アナライザーを援用するのもいいでしょう。

　スペクトラムアナライザーは、ソースに含まれている周波数とその量を視覚化するもので、フリーウェアとして入手可能なBULE CAT AUDIOの**FREQANALYST**をはじめ、製品版／フリーウェアを問わず、数多くのプラグインが出回っています。EQの前段と後段にスペクトラムアナライザーをインサートすれば、イコライジング処理前と処理後の周波数分布をリアルタイムで比較することができます。

　また、最近ではパラメトリックEQの例に挙げた**Pro EQ**のように、スペクトラムアナライザー機能を搭載したEQも増えており、このタイプを使用した場合は、

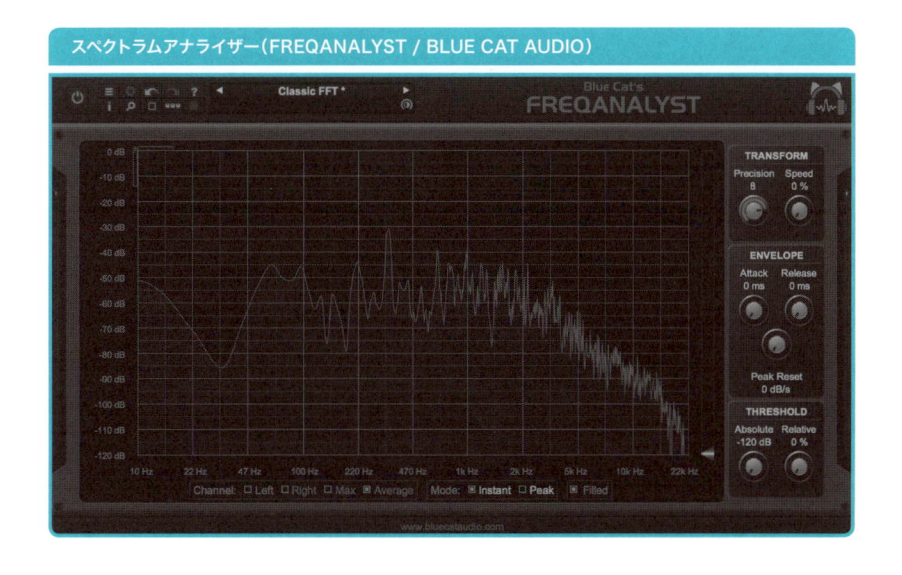

EQの設定（イコライジングカーブ）とスペクトラムアナライザーでの周波数分析結果を同一画面上に表示することが可能となるため、パラメーター操作による音質の変化が直接的かつ一目瞭然に確認できるという大きな利点があります。

音質（EQ）の調整

基音と倍音

　スペクトラムの中には比較的低い音域（左側）に大きく突出している部分が存在します。この突出した部分は多くの場合、ソースとなる楽器の基音に相当します。基音はその楽器が演奏しているピッチそのものの高さで、主たる音域として位置付けられます。

　基音より右側の周波数帯に現れる部分は倍音です。倍音についての音楽的な説明はここでは割愛しますが、イコライジングにおいては、その楽器固有のキャラクターや明瞭感、奥行きなどをコントロールできる帯域と言うことができます。

　イコライジングの際は、基音をどう扱うか、また倍音のどの帯域を上下するか、などを意識して行うと方向性を決めやすくなります。

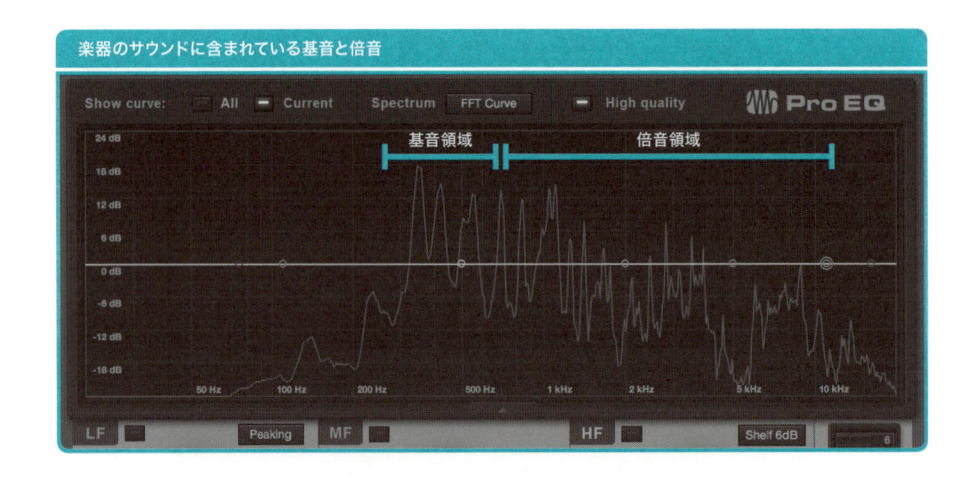

 イコライジングのコツ

　イコライジングは、まず不要な帯域や耳障りな帯域、他のトラックに譲るべき帯域などをカットすることから始めましょう。

　その代表的なものがローカットです。たとえばボーカルのスペクトラムを見てみると、基音にあたる100Hz〜500Hz付近が大きく出ているはずです。

そこから下の部分にも音が存在することは確認できますが、20Hz以下は人間の可聴範囲外であり、また100Hz以下はベースやドラムのキックとのかぶりが懸念されるため、ローカットフィルターを利用して適宜カットすることが一般的です。

また、その他の帯域については、音抜けをよくするためにブーストしたり、他のトラックとの関係でカットしたりしますが、その際のブースト／カットの値は6dBを1つの目安としておきましょう。

6dBのブーストを行うと、その帯域の音量が2倍、6dBのカットを行うと半分となり、思った以上に大きな音質変化が起きるはずです。原音のニュアンスを損なわないナチュラルな効果にとどめたい場合は±6dB以内、積極的に音作りしたい場合はそれ以上の増減も可くらいに認識しておいてください。

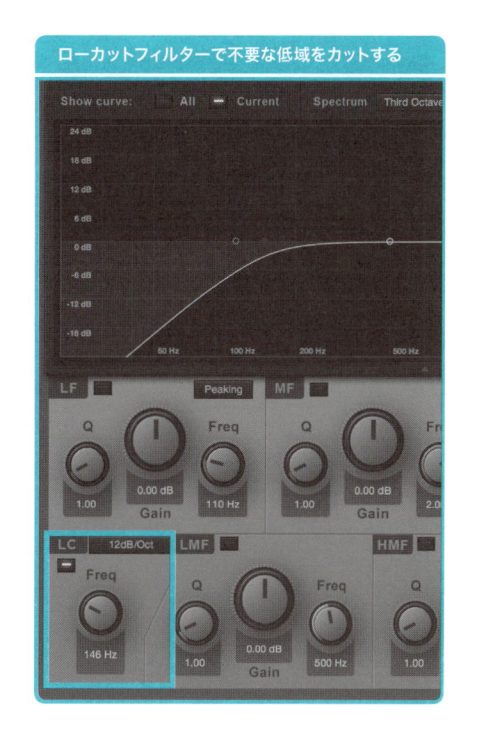

ローカットフィルターで不要な低域をカットする

ブースト／カットは6dBを目安に行う

音質（EQ）の調整

　なお、EQ操作は、バイパス（EQ全体の設定の無効化）や、バンドごとに設定をオフにする機能を用いて、そのつど結果の確認を行いながら進めましょう。目的のトラックをソロ状態にしてモニターするのはもちろん、全体をミックスして再生する中で、イコライジング前後を比較しながら、適切な設定を見つけ出します。

　また繰り返しになりますが、イコライジングの際には目的のトラックそのものはもちろん、それと関係の深いトラックの聞こえ方の変化にも注意を払います。たとえばソロ状態にしたボーカルとベース、ベースとキックなどの組み合わせで、一方がもう片方に及ぼす影響を見極めながらの作業が必要になるわけです。

🔵 標準的な楽器別イコライジングポイント

　同じ楽器でも出てくるサウンドは千差万別なので、一概には言えませんが、取りあえず標準的と思える楽器音を想定し、それらの楽器に対するイコライジングポイントをざっと書き出してみることにします。まずは以下の帯域を目安にして、イコライジングを行ってください。

キック（ローカット）	50Hz以下
キック（ハイカット）	12kHz以上
キック（コシ）	50〜70Hz
キック（存在感）	600〜800Hz
キック（アタック感）	4〜7kHz
スネア（ローカット）	100Hz以下
スネア（ハイカット）	8kHz以上
スネア（コシ）	200〜300Hz
スネア（存在感）	450〜550Hz

スネア（ヌケ、張り）　　3〜6kHz

スネア（スナッピー）　　6〜8kHz

ハイハット（ローカット）　　　　250Hz以下

ハイハット（ハイカット）　　　　12kHz以上

ハイハット（存在感）　　　　　300〜800Hz

ハイハット（張り）　　　　　　1〜6kHz

ハイハット（ヌケ）　　　　　　6〜12kHz

ベース（ローカット）　　50Hz以下

ベース（ハイカット）　　12kHz以上

ベース（基音、コシ）　　70〜300Hz

ベース（倍音、ヌケ）　　300Hz〜1kHz

ベース（張り）　　　　　1〜6kHz

ギター（基音、コシ）　　200Hz〜1kHz

ギター（倍音、ヌケ）　　1kHz〜10kHz

ギター（アコースティックの超高域倍音）　　10kHz〜

男性ボーカル（基音、コシ）　　　100Hz〜500Hz

女性ボーカル（基音、コシ）　　　200Hz〜1kHz

ボーカル（倍音、ヌケ）　　　　1kHz〜8kHz

ボーカル（距離感、歯擦音）　　8kHz〜

音質（EQ）の調整

ダイナミクスの調整

音量のダイナミクス（最小から最大までの音量差）に作用し、音量の平均化やトランジェントの調整を行うのがコンプレッサーです。

内部の機構によって、FET、VCA、真空管、オプトなどのタイプに分かれますが、効き方の持ち味は違っても、基本的な作用は変わりません。また、ギタリストが使うコンパクト型のコンプレッサーと、エンジニアがミキシングで使用するアウトボード型のコンプレッサーも、実質的には同じものであり、パラメーター設定についての考え方も共通します。もちろん、以上のことは、これらのハードウェアを模して作られたプラグインにもそのままあてはまります。

ミキシングにおいてのコンプレッサーは、フェーダーによる音量の調整だけではコントロールできないサウンドの安定感や存在感を演出する際には欠かせないエフェクトであり、ほとんどのDAWに標準でバンドルされています。

その一方で、EQのようにパッと聴いてすぐに効果が実感できるエフェクトではないため、使いこなしが難しいと思われがちなエフェクトでもあります（FILE11：コンプレッション前／FILE12：コンプレッション後）。しっかり仕組みを理解し、どんなソースに対しても狙ったサウンドが得られるようになりましょう。

🕐 コンプレッサーの基本パラメーター

コンプレッサーのパラメーターは、機種によって独自機能の追加や省略、統合があったり、呼び方に多少の違いはあったとしても、

・スレッショルド
・レシオ

- アタック
- リリース
- ニー
- アウトプットゲイン

という6つが基本になります。

　ここでは例としてProTools SoftwareにバンドルされているDYN3 COMPRES SOR/LIMITERを見てみることにします。

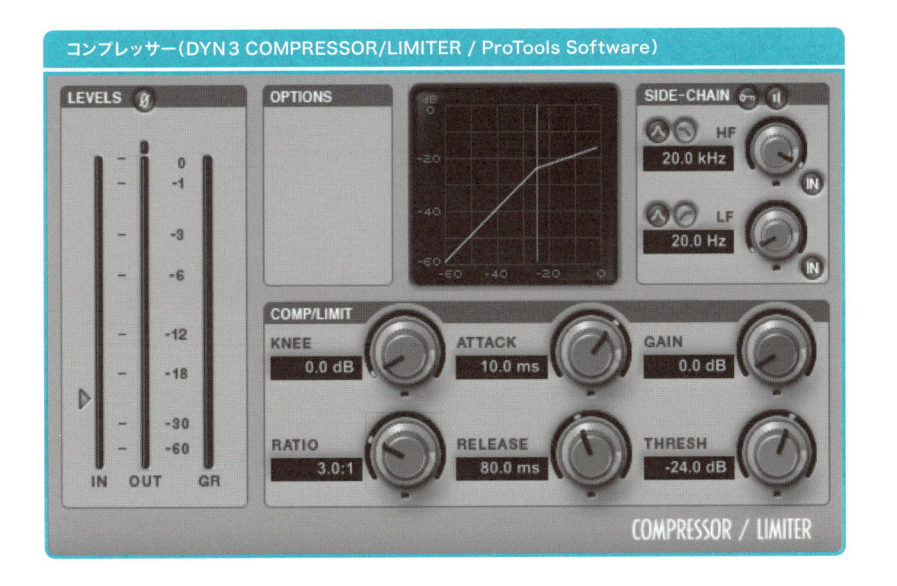

コンプレッサー（DYN3 COMPRESSOR/LIMITER / ProTools Software）

■スレッショルド

　コンプレッサーの基本的な仕組みは、ある値を超えた音量を抑えるというものです。その結果、音量の大小差が減少＝ダイナミクスが圧縮（コンプレッション）されます。その"ある値"を設定するパラメーターがスレッショルドです。

　つまり、スレッショルドはコンプレッションがかかるかどうかのしきいとなる音量の値を意味したものと言え、dB単位で設定します。

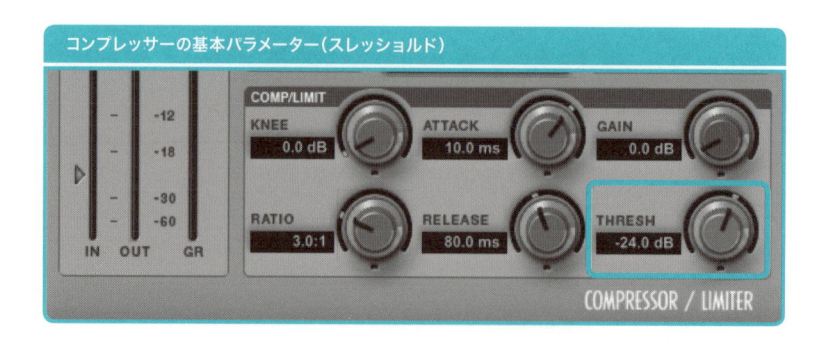

コンプレッサーの基本パラメーター（スレッショルド）

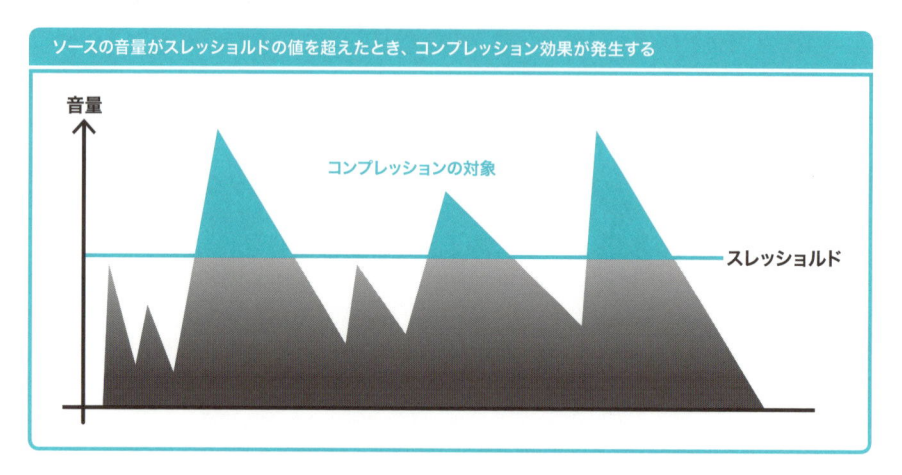

ソースの音量がスレッショルドの値を超えたとき、コンプレッション効果が発生する

■レシオ

　スレッショルドレベルを超えた音量を、どれくらい減少させるかを設定するパ
ラメーターとしてレシオが用意されています。

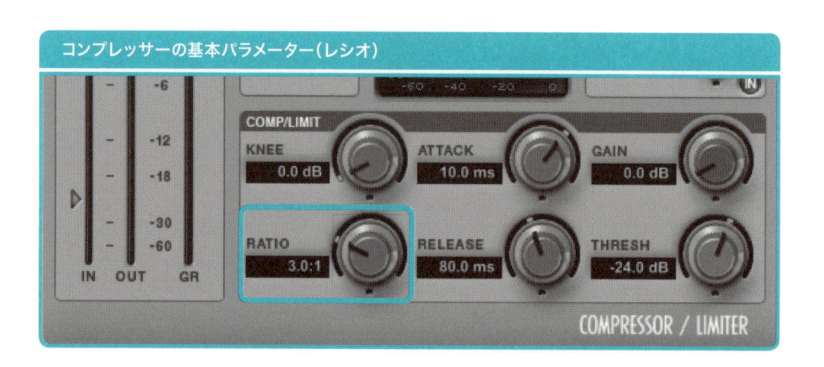

コンプレッサーの基本パラメーター（レシオ）

　レシオの値は、スレッショルドレベルを超えた音量に対しての圧縮比を表し、n：1という比率で設定します。

　たとえば2：1ならば、スレッショルドレベルを超えた音量が半分に、3：1ならば3分の1に減少します。つまり、nの数値を大きく設定するほど、ダイナミクスが圧縮されるということです。

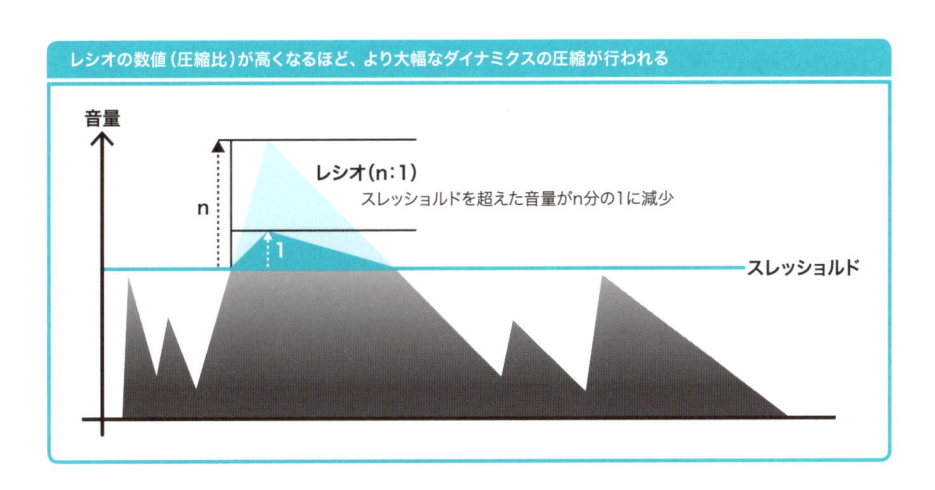

レシオの数値（圧縮比）が高くなるほど、より大幅なダイナミクスの圧縮が行われる

音量

n

レシオ(n：1)
スレッショルドを超えた音量がn分の1に減少

1

スレッショルド

　また、nの値を無限大（∞）に設定すると、音量はスレッショルドの設定値を超えなくなります。この場合、コンプレッサーはリミッターとして機能することになります。一般的にコンプ／リミッターとひとまとめに語られることが多いのは、両者の動作原理が基本的に同じだからと言えるでしょう。

■アタックとリリース

　コンプレッサーを使ってダイナミクスを圧縮すると、程度の差こそあれトランジェントが変化します。

　この際にどのように変化させるのかをコントロールするパラメーターが、アタックとリリースです。アタックとリリースの単位は時間で、多くの場合ms（ミリ秒）が使用されます。

コンプレッサーの基本パラメーター（アタックとリリース）

　アタックは"音量がスレッショルドを超えてから徐々に圧縮量が増えていき、レシオで設定された圧縮比に到達するまでの時間"を意味します。とは言っても、この説明ですんなり理解できる人は少ないでしょう。そこで、便宜上の考え方として"音量がスレッショルド値を超えてから圧縮が始まるまでの猶予時間"と、とらえてみてくだい（実情とは若干異なりますが）。

　要するに、アタックを0msに近づけるほど、スレッショルド超過後すぐに圧縮が開始されるということです。逆に、アタックを長く設定するほど、ソースが持つ立ち上がりの音量が圧縮を受けずに保全され、発音の鋭さ（アタック感）を残しておくことができるわけです。

　一方、リリースについても同じような考え方が便宜的に適用できます。つまり、ピークを超えた音量がやがてスレッショルド値を下回ることになったとき、そこから実際に圧縮効果を終了するまでの猶予時間を設定するのがリリースと、とらえればいいのです。

　リリースの時間を短く設定するほど、ピークに対して減衰部分が相対的に持ち上がる形となり、その結果としてソースが持つ余韻や音の伸びが強調されることになります。逆に、原音に近い自然な減衰感が欲しい場合は長めに設定しますが、あまり長く設定してしまうと次のピークまで圧縮効果が継続されてしまうため、注意が必要です。

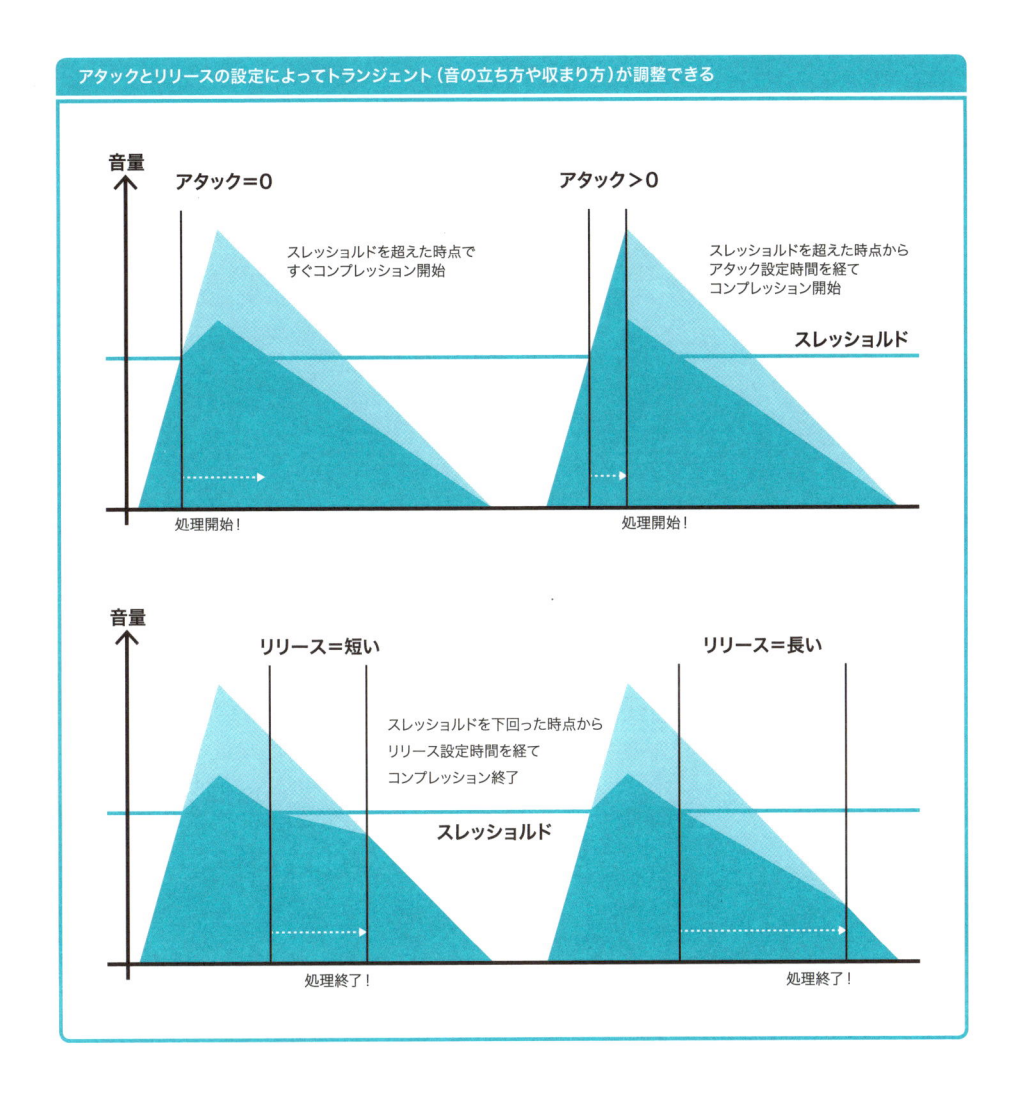

アタックとリリースの設定によってトランジェント（音の立ち方や収まり方）が調整できる

■ニー

　必ずしもすべてのコンプレッサーに装備されているわけではありませんが、圧縮効果の効き味を変えることができるパラメーターとしてニー（KNEE）があります。これは日本語に訳すと膝を意味する言葉で、パラメーターとしてのニーについて理解するには、コンプレッサーのパネルに表示される設定のグラフィック表示を見るのが手っ取り早いでしょう。

コンプレッサーの基本パラメーター（ニー）

レシオの数値を上げるとラインがどんどん屈折していきます。この折れ曲がっている部分について、つまりスレッショルドレベル前後における圧縮効果の過渡特性について設定するのがニーなのです。

左の画面例ではニーの数値が0に設定されており、ラインが"く"の字になっていますね。この場合は、厳密にスレッショルドレベルを超えた音量が圧縮の対象となります。この状態をハードニーと呼びます。

一方で、右の画面例のように、ニーの数値が0以外に設定され屈折部分が丸くなっている状態をソフトニーと呼びます。ソフトニーの状態では音量がスレッショルドレベルを超える少し前から徐々に圧縮が開始され、スレッショルドレベルを超えた後も緩やかに設定レシオへと着地するような効き方となります。

なぜこのような設定が必要かというと、スレッショルドを超えるか超えないかの微妙な音量が連続する場合、ハードニーでは圧縮効果のオン／オフがはっきり切り替わり、効果のかかる部分とかからない部分に極端な音量差が発生してしまうためです。その点、ソフトニーであれば、効果の過渡特性が穏やかな分、入力音量に応じた自然な変化が得られ、極端な差を避けることができます。

音量変化がはっきりしているドラムなどにしっかりとコンプレッション効果をかけたい場合はハードニーが向いていますが、ボーカルやバストラックなどに対して緩やかにコンプをかけたい場合などにはソフトニーが向いていると言えます。

なお、DYN 3 COMPRESSOR/LIMITERでは、ニーの数値を任意に設定可能な仕様になっていますが、機種によってはハードニーとソフトニーの切り替えスイッチ式になっているものもあります。

■アウトプットゲイン

ほぼすべてのコンプレッサーには、入出力のレベルメーターとゲインリダクション（GR）メーターが装備されています（切り替え表示式のタイプもあります）。ゲインリダクション量はアウトプットゲインの設定にも大きくかかわる部分ですので、まずゲインリダクション（GR）メーターの見方について説明しておきます。

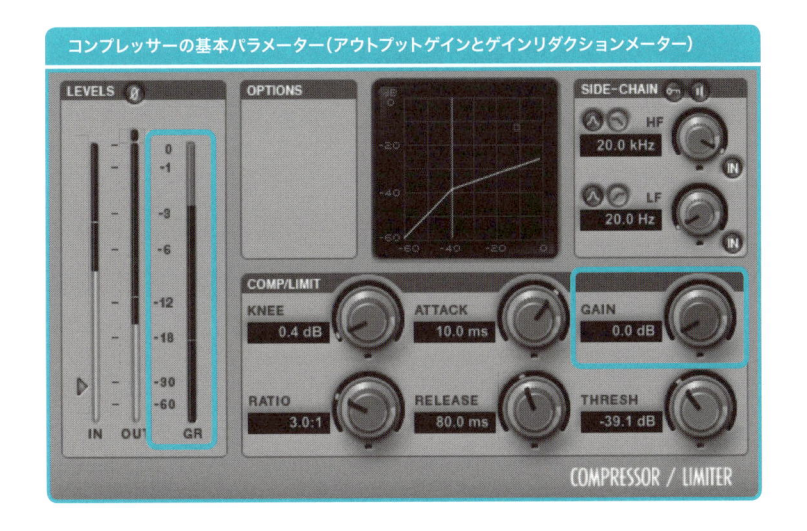

ゲインリダクションメーターは、ソースの音量がどれくらいダイナミクスの圧縮を受けているか（＝ゲインリダクションの量）と、圧縮効果の応答レスポンスを、逐次かつ視覚的に表示するメーターです。

ダイナミクスの調整

　なお、ほんとんどの場合、ゲインリダクションメーターにはゲインリダクションの
ピークレベル（圧縮後の音量とソース本来の音量の差の最大値）も表示されます。
このゲインリダクションのピークレベルの値を、アウトプットゲイン調整の目安とし
て利用することができます。

　ゲインリダクションメーターの役割がわかったところで、話を本題のアウトプット
ゲインの解説に戻しましょう。

　コンプレッサーはスレッショルドを超えた音量の部分を減少させるエフェクター
であるため、そのまま何もしなければ、当然、出力される音量はソースよりも小さ
くなります（FILE 13：コンプレッサーをかける前と処理後の音量差／メイクアップ
なし）。

　単に音量を下げたくてコンプレッサーを用いることはまずありませんから、通常
は、圧縮処理後、全体の出力音量の底上げ（メイクアップ）を行います。そのため
に用意されたパラメーターがアウトプットゲインです（機種によってはメイクアップ
ゲインと呼ぶものもあります）。

　底上げ量の目安は、ゲイリンダクションのピークレベルのおよそ半分＋αとし
ておくと、圧縮処理前（コンプレッサーをバイパスした状態）の平均音量と、圧
縮処理後の平均音量が近くなり、圧縮効果の有無の比較がしやすくなります
（FILE 14：コンプレッサーをかける前と処理後の音量差／メイクアップあり）。

● インターナル（内部）サイドチェーンの活用

　DYN 3 COMPRESSOR/LIMITERをはじめ、コンプレッサーによってはイン
ターナル（内部）サイドチェーン機能を装備しているものがあります。

　インターナルサイドチェーンとは、コンプレッサー内に圧縮回路とは別にフィル
ター回路を設け、そこに入力されたソースの周波数をフィルタリング後、その信号
を圧縮回路の作動トリガーとする機能です。

　ややこしい説明になってしまいましたが、要するにコンプレッサーが反応する帯域を絞るための機能ということです。たとえばドラムのバストラックにコンプレッサーをかける際、キックのタイミングで過剰に反応してしまうのを避けるため、低域をフィルターでカットするといったケースに利用できます（FILE 15：インターナルサイドチェーン未設定時／FILE 16：インターナルサイドチェーン設定時）。

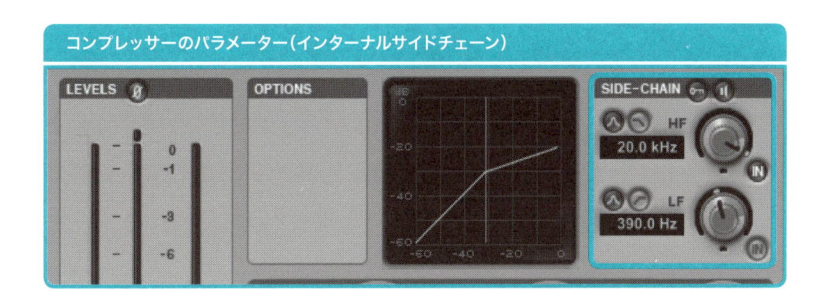

　もちろん、コンプレッサーから出力されるサウンドはフィルターで低域が削られたものにはならず、あくまでソースのダイナミクスを圧縮したものになります。フィルターを通過した信号はコンプレッサーを作動させるためにだけ利用され、コンプレッサー外に出力されることはありません。

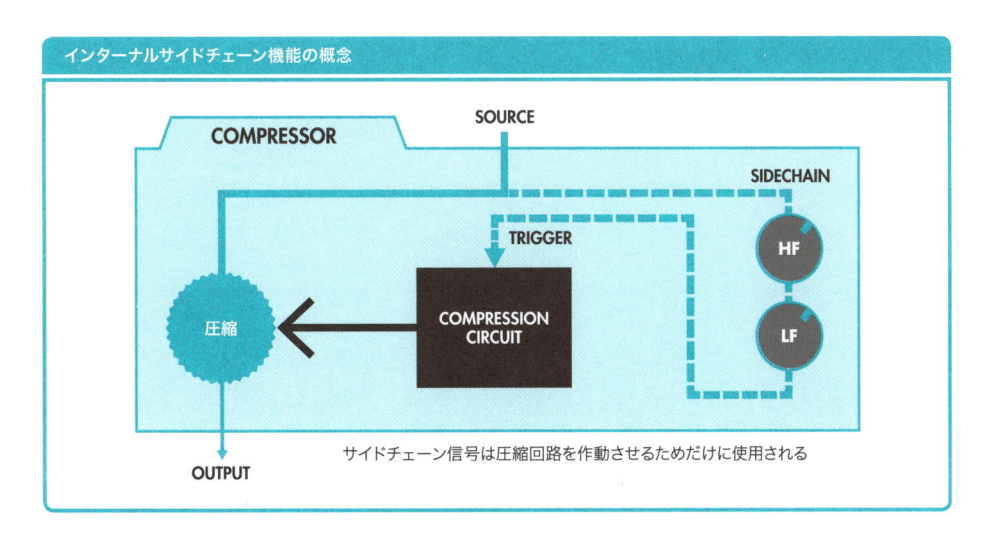

ダイナミクスの調整

🎛 ポンピングについて

　ポンピングとは、コンプレッサーを強くかけたときに急激に音量が変化することによって起こる、音量のうねりのような現象です（FILE17：ポンピングの実例）。ポンピングが発生するとソース本来のダイナミクスが損なわれ、不自然な音量変化が起きるため、通常はNGとされています。

　ポンピングを防ぐには、スレッショルドを浅くしたり、レシオを低めに設定したり、リリースを長めにするといった対処が必要です。また、前述のインターナルサイドチェーンを活用して、特に音量の大きい帯域をフィルターでカットし、必要以上にコンプレッション回路が反応しないようにするのも有効な対応策です。

　なお、ポンピングはどのような場合もNGというわけではなく、昨今ではアレンジの一環として、あえて発生させるケースもあります。ポンピングを起こすことのみを目的としたエフェクターも存在するくらいですから、面白いですね。

🎛 マルチバンドコンプの特徴と用途

　マルチバンドコンプは、入力されるソースを複数の帯域（バンド）に分け、各帯域ごとの個別設定が可能になっている複合コンプレッサーです。3〜4バンドの仕様になっているものが多く、各バンドごとに通常のコンプレッサー同様、スレッショルドやレシオ、アタック、リリースといったパラメーターを装備しています。

　用途としては、トラックの中で特定の帯域が特定のタイミングで出すぎる（ベースの特定音域やボーカルの鋭い高域など）といった場合にそこだけコンプレッションするよう設定を行う、あるいはバストラックやマスターで帯域別に個別のコンプレッションを施す、といったケースが挙げられます。

　ここでは例としてCubase Proにバンドルされる4バンド仕様のmultiband compressorを掲げましたが、エフェクトとしてはポピュラーな存在であり、多くのDAWに標準バンドルされています。

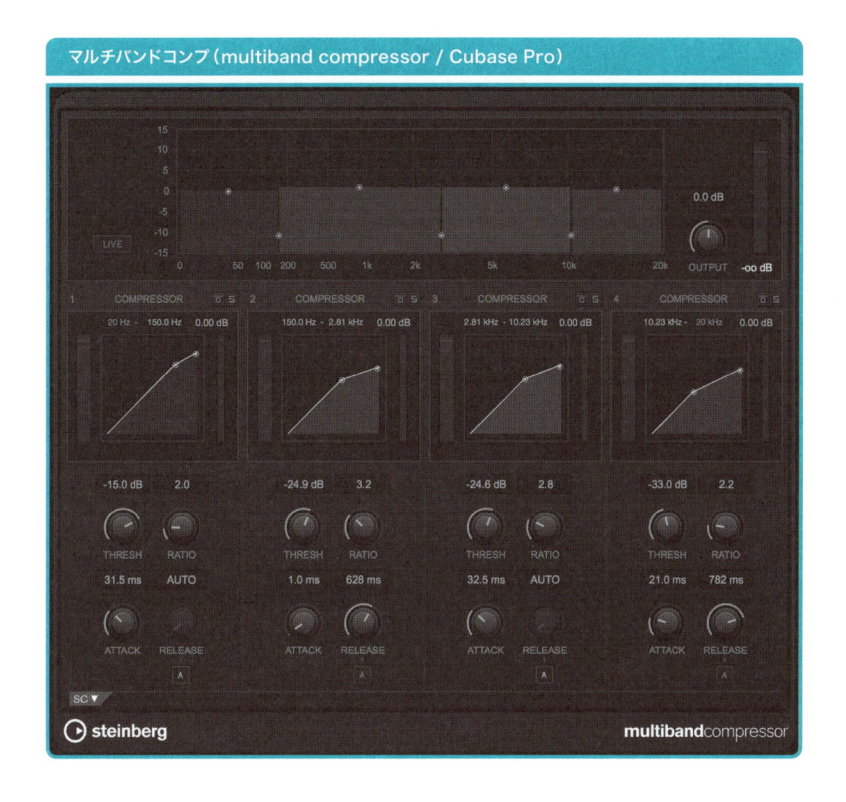

マルチバンドコンプ（multiband compressor / Cubase Pro）

　任意の帯域のダイナミクスを圧縮した結果として音質が変化しますから、その意味では、ダイナミックEQと同じようなはたらきと考えることもできますが、マルチバンドコンプとダイナミックEQとの違いは、それぞれの目的にあります。

　ダイナミックEQがイコライジングフィルターのかかり具合を音量に応じて変化させるのに対し、マルチバンドコンプは音量に応じてコンプレッションの量を変化させます。また、ダイナミックEQは自由に帯域を設定して積極的な効果を得るのに適している一方、マルチバンドコンプはクロスオーバー(バンドの受け持ちが切り替わるポイント)を調整することで帯域を設定するため、より自然な結果を得たい場合に適していると言えます。

　試用可能な製品版としてFabfilterのPro-MBを挙げておきましょう。これはプロユースのマルチコンプで、フレキシブルな6バンド仕様になっています。

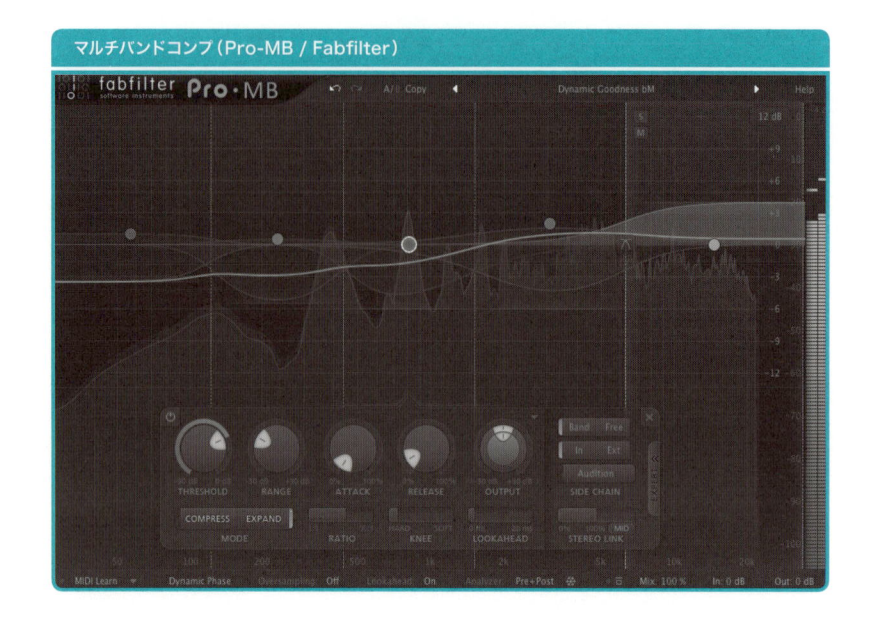

マルチバンドコンプ（Pro-MB / Fabfilter）

用途に合わせたコンプレッサーのタイプ選択

　コンプレッサーには、ダイナミクスを圧縮するという役割だけではなく、それを使用することでサウンドに加えられるある種のテイストを求められることがほとんどです。名器と呼ばれるハードウェアコンプレッサーは、圧縮回路の構造的な違いによるそれぞれその機種でしか出せない特有のテイストを持っており、そういった実機の特性は、それを模した、あるいはインスパイアされたと謳っているプラグインコンプレッサーにも反映されています。

　ここでは、基本として押さえておくべき圧縮回路ごとのサウンド傾向の違いと、用途の向きを紹介することにします。

■FETタイプ

　FETタイプの特徴は優れたアタックへの応答性にあり、どんなソースにも設定次第でマッチし、特に音の立ち上がりが鋭いドラムやパーカッションなどの

打楽器系などにも威力を発揮します。深めにかけても小気味よく反応してくれるため、積極的にサウンドを作り込めるタイプのコンプレッサーと言えるでしょう（FILE 18：FETコンプレッション前／FILE 19：FETコンプレッション後）。

　このタイプの代表とも言える実機がUniversal Audio 1176で、ProTools Softwareにバンドルされる**BF 76**などは、まさにこれを模したものです。見てわかるように、通常1176系のコンプレッサーにはスレッショルドのパラメーターが装備されていません。この場合の設定はインプットのボリュームを上げる＝スレッショルドの値を下げると考えて行います。なお、アタックとリリースの設定は数値が大きくなるほど短くなる（ノブの回転方向が通常の逆）になっているので注意してください。

比較的多くのDAWにバンドルされていますが、試用可能な製品版としてはIK MULTIMEDIAの**BLACK 76**があります。

なお、1176系コンプレッサーには超有名な定番設定が存在します。

1つ目はドクターペッパー（Dr.Pepper）と呼ばれるもので、アタックを時計の10時の位置、リリースを2時の位置、レシオを4：1とする設定で、取りあえずソースを選ばない万能設定とも言えるものです。

2つ目はレシオのボタンをすべてオンにする、いわゆるブリティッシュモード（British Mode）です。ワイルドでダーティなサウンドを得たいときに使われます（同じような目的で、アタックとリリースを右に回しきる（最短にする）グリット（Grit）も有名で、両方を組み合わせて使用することもあります）。

3つ目はレシオをすべてオフにするカラー（Color Without Compression）と呼ばれる設定です。1176をコンプレッサーとして使用せず、アンプ部分だけを利用するという本末転倒な設定ですが、インプットレベルでコントロールできるFETタイプのサチュレーターとして重宝されています。

■VCAタイプ

VCAタイプに属するコンプレッサーの多くは、SSLやAPIなどのようなコンソールのマスター／バスチャンネルから、内蔵の圧縮回路部を切り出したものと言え、フェーダーによるボリューム操作に似た、ナチュラルなダイナミクスコントロールが特徴です（FILE 20：VCAコンプレッション前／FILE 21：VCAコンプレッション後）。その出自からわかるように、VCAタイプのコンプレッサーはマスターアウトやバストラックなどにインサートし、サブミックス／ミックスに一体感や迫力を加える目的での利用に適しています（なお、同じVCAタイプに属するとは言え、出自が異なるdbx 160系は、どちらかというと単体ソースを対象した用途に向いています）。

たとえばLogic ProにバンドルされているCompressorのVintage VCAモードが、SSL的なVCAタイプのコンプレッサーに相当するでしょう。ちなみにAppleからの正式なアナウンスはありませんが、CompressorのClassic VCAモードはdbx 160系に相当すると思われます。

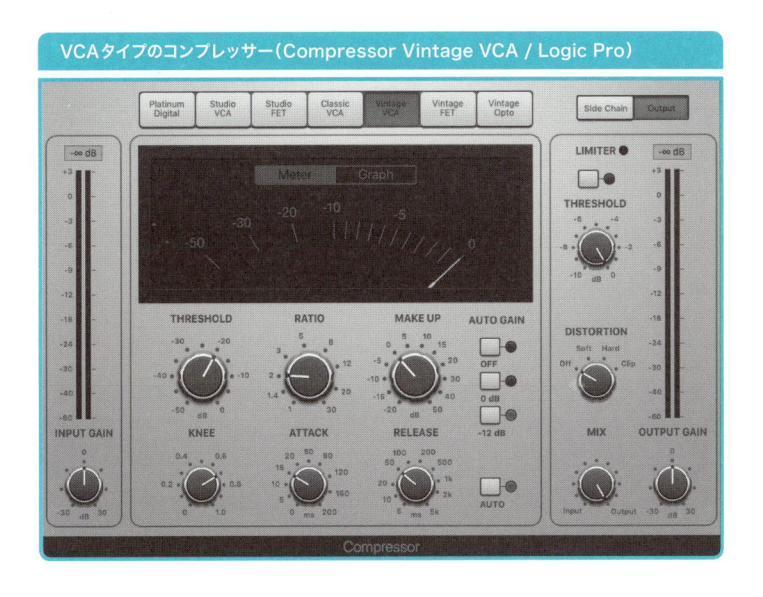

VCAタイプのコンプレッサー（Compressor Vintage VCA / Logic Pro）

　VCAタイプのコンプレッサーを使って単体ソースのサウンドを作り込んでいくことも可能ですが、本来の用途である複数トラックを一括対象にしたバスコンプとして利用する場合は、コンプレッションは浅めにとどめることが一般的です。ゲインリダクションは最大−2dB前後とし、アタックは遅め、リリースは早めに設定しましょう。メイクアップ（ゲイン）は、音圧上げを目的とする場合以外はゲインリダクションを補う程度とし、コンプ前後の変化を比較できるようにしておきます。

　試用可能な製品版には、NATIVE INSTRUMENTSの**SOLID BUS COMP**があります。これは、マスターやバストラックなどにインサートして利用する、典型的なSSLテイストを持つVCAタイプのコンプレッサーとなっています。

VCAタイプのコンプレッサー（SOLID BUS COMP / NATIVE INSTRUMENTS）

ダイナミクスの調整

■真空管タイプ

　真空管タイプは回路に真空管を用いているコンプレッサーで、通すだけでサチュレーション効果による独特の倍音付加が行われ、カラッとした抜けの良いサウンドになる傾向があります（FILE22：真空管コンプレッション前／FILE23：真空管コンプレッション後）。

　このタイプで最もポピュラーな実機としては、Fairchild 660(モノラル)／670(ステレオ) が挙げられます。また純粋な意味での真空管タイプのコンプレッサーがDAWにバンドルされているケースはほとんどないようです。

　Fairchild 660/670をプラグイン化した試用可能な製品版は相当数ありますが、ここではWAVESのPUIGCHILD 670を挙げることにします。アタックとリリースのパラメーターは、実機がそうであるように、長短異なる長さの設定が組み合わされた6種類としてプリセット化され、TIME CONSTANTというパラメーターに集約されています。このプリセットからソースに合うものを選択するのですが、実際のアタック／リリースタイムの数値設定がどうなっているかは、プラグイン製品ごとに微妙に異なるようなので、製品マニュアルから読み取るしかありません。

真空管タイプのコンプレッサー（PUIGCHILD 670 / WAVES）

　おもしろいのは、同じ圧縮結果を得たいとき、その手段としてスレッショルドを変えずにインプットレベルを上げるという方法と、インプットレベルを変えずにスレッショルドを下げる（ノブを右に回して数値を上げる）という方法の2通りがあることで、前者ではインプットレベルを上げるにつれてサチュレーション効果も増大することになります。このサチュレーション効果の量で、圧縮後のサウンドの印象がかなり変わることはおぼえておいてください。

　ソース本来のサウンドをクリアに保ちたいのであれば、インプットレベルを下げて、スレッショルドの数値を上げる方向。逆に、サチュレーション効果で倍音成分（ディストーション）を付加し、ワイルドなサウンドにしたいのであれば、インプットレベルを上げて、スレッショルドの値を下げる方向で操作します。

　また、スレッショルドを0に設定するとコンプレッサーとしての圧縮機能がゼロになり、インプットレベルでコントロールする真空管タイプのサチュレーターとして機能することも記憶しておくといいでしょう。

■オプトタイプ

　オプトタイプは、オーディオ入力信号の大小を光の強弱に変え、受光部が受けた光が強いほど抵抗値を上げてオーディオ信号を小さくする、という動作原理のコンプレッサーで、他の方式にはない緩やかなかかり具合に特徴があります（FILE24：オプトコンプレッション前／FILE25：オプトコンプレッション後）。

　代表的な実機にTeletronix LA-2AやLA-3A、TUBE-TECH CL1Bなどがあり、このタイプのコンプレッサーがDAWにバンドルされるケースとしては、LA-2Aを再現したDigital PerformerのMASTERWORKS LEVELERが挙げられます。なお、LA-2Aの実機はレシオが大（LIMITモード／ほぼ∞：1）と小（COMPRESSモード／約3：1）の切り替え式で、アタックは固定、リリースは入力に従って自動的に調整される仕様になっており、これを元にしたプラグイン製品にもパラメーターとして用意されていないケースがほとんどです。

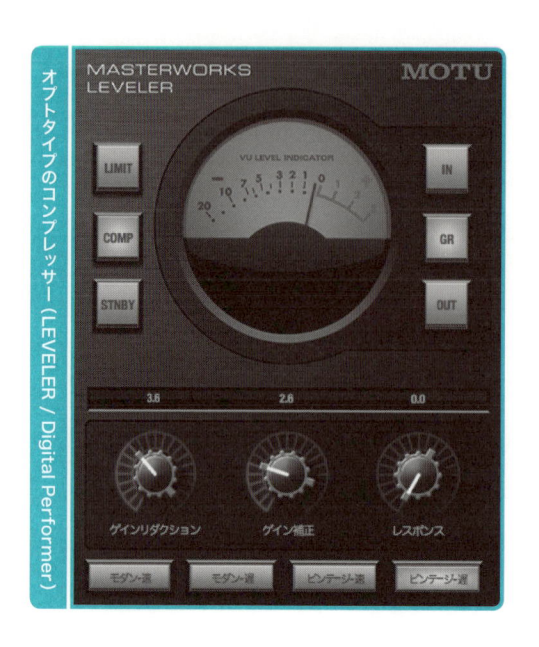

オプトタイプのコンプレッサー（LEVELER / Digital Performer）

通常はPEAK REDUCTON（LEVELERではゲインリダクション）がスレッショルドのパラメーターに相当し、ノブを右に回して数値を上げるほどスレッショルドが下がるようになっています。また、GAIN（同じくゲイン補正）はインプットではなくアウトプットゲインのパラメーターに相当します。

試用可能な製品版としては、LA-2Aをプラグイン化したWAVESのCLA-2Aがあります。

なお、プラグインの中には、実機に装備されているEMPHASIS（1kHzの中心周波数を持つインターナルサイドチェーンのローカットフィルター）機能（LEVELERではレスポンス、CLA-2AではHiFREQと呼ばれる）が再現されている製品と、そうでない製品があるので、利用の前にはその辺も見極めたいところです。

LA-2AのLAがLeveling Amplifierの略であることからもわかるように、このタイプのコンプレッサーは、全体的にもっさりした反応が持ち味であり、打楽器系の瞬間的なピークをつぶしていく用途よりは、ソース全体を見渡したダイナミクス調整に向いています。実際、多くの場合、ストリングスやブラス、ボーカルといった持続音系のソースに対するレベルの均一化に利用されています。

サウンドのテイストをあまり変えることなく、自然なゲインリダクションが得られる（＝圧縮効果を主張しない）オプトタイプのコンプレッサーは、その特性上、コンプレッションがかかりっぱなしの状態にしても嫌味な感じになりません。

そのため、あえてそういう設定にする手法もありますが、通常は−2〜−4dB程度のゲインリダクションが得られるような設定を心がけましょう。

オプトタイプのコンプレッサー（CLA-2A / WAVES）

どちらが先か？　EQとコンプレッサーのインサート順

　EQとコンプレッサーをチャンネルにインサートする順番については、迷う人も多いでしょう。これはどちらを上のインサートスロットに配置するのが正しいという話ではなく、場合に応じて使い分ける必要があると言えます。

　EQを先とした場合は、不要な帯域がカットされ、音質が整理された状態のオーディオ信号がコンプレッサーに入力されるため、圧縮回路の無意味な反応が抑制でき、自然な圧縮効果が得られるケースが多くなります。

　一方でコンプレッサーを先とした場合は、ダイナミクスが圧縮された状態のオーディオ信号にEQをかけることになるため、均質かつ素直なイコライジング効果が得られることになります（FILE 26：EQ→コンプレッサー／FILE 27：コンプレッサー→EQ）。

　上記のような特徴を踏まえ、ソースに応じた順番とすることが肝要ですが、特に繊細な調整を行いたい場合は、帯域をカットするためのEQを最初にインサートし、次にコンプレッサーを通してから、その後に帯域をブーストするためのEQを配置するといった接続順もおすすめです。

◔ パラレルコンプの活用とそのルーティング

　パラレルコンプとは、1つのソースを2つのチャンネルに分岐し、一方はコンプレッサーを通さない音、もう一方はコンプレッサーを通した音に設定して、バランスを取りながら両者の出力を混ぜるという、文字通り並列（パラレル）なルーティングによるコンプレッサーの活用法で、ニューヨークコンプとも呼ばれます。ノーマルコンプとは違った感じの、コシとパンチが両立したサウンドが得られる手法と言えます（FILE 28：ノーマルコンプ／FILE 29：パラレルコンプ）。

　通常、コンプレッサーにはソースの音量（ドライ）とコンプレッションを受けた音の音量（ウェット）の混合比を設定するミックスパラメーターは装備されないため、利用の際にはパラレルルーティングを行うひと手間が必要になります。

■パラレルコンプ用のルーティング

　パラレルコンプを実現するためのルーティング方法はいくつかありますが、ここでは以下の手順で行うことにします。

①DAW上にバストラック（ソーストラックがモノラルならばバストラックもモノラル、ソースがステレオならバストラックもステレオ）を1つ作成する。

②ソーストラックのセンドをプリフェーダーv、センドレベルを0にし、センド先をバストラックになるように設定する。

③バストラックのインサートスロットにコンプレッサーを配置する。

　パラレルコンプの場合、コンプレッサーのパラメーターは、アタックとリリースを短め、レシオを高めに設定し、コンプレッション効果が深くかかるよう、スレッショルドは低めに設定するのがコツです。

また、ドライ／ウェットのバランスは、ソーストラックとバストラックのフェーダーで調整しますが、そのままでは調整後にどちらかのフェーダーを動かすとせっかく設定したミックスバランスが崩れてしまいます。そうならないためにも、バランス調整後はフェーダーの動作をリンクさせる機能を使ってソース／バストラックのフェーダーをグループ化しておきましょう（このグループフェーダー機能はほぼすべてのDAWに用意されています）。こうすれば、フェーダーレベルをどのように変更しても、一定のミックスバランスを保てるようになります。

なお、コンプレッサーの中には、ミックスパラメーターを持つタイプも存在します。このタイプのモデルを利用すれば、いちいちパラレルルーティングを施す必要なく、ミックスパラメーターの混合比をコントロールするだけでパラレルコンプのサウンドを得ることができます。フリーウェアとして入手可能かつ、ミックスパラメーターを装備するものとしては、真空管タイプの特性を持つNATIVE INSTRUMENTSのSUPERCHARGERが挙げられるでしょう。

ミックスパラメーター付きコンプレッサー（SUPERCHARGER / NATIVE INSTRUMENTS）

● コンプレッサーでのパラメーター設定のコツ

コンプレッサーの用途には、ソース全体のダイナミクスを整える“レベラー”としての側面と、ソース内のサウンドのトランジェントを積極的に変化させる“エフェクター”としての側面の2つがあります。

ダイナミクスの調整

レベラー用途では、主にボーカルやベースなどをソースとするトラックを対象とし、エフェクター用途では、主にキックやスネアの他、パーカッシブに演奏される楽器をソースとするトラックを対象とします。レベラー用途として使用する場合は、むしろトランジェントの変化が目立たない方が好ましいケースがほとんどなので、自然なコンプレッションが得られることを目指します。そのため、アタックは10〜30ms程度、リリースは200〜500ms程度を目安とし、比較的時間的な余裕を持たせてください。また、レシオは3：1〜4：1程度、スレッショルドはゲインリダクションのピークが−6dB程度になるように設定します。よりダイナミクスを平坦にしたい場合はレシオの比率を高め、スレッショルドの設定値をマイナス側に振ります。

エフェクター用途として使用する場合は、しっかりとサウンドの変化が感じ取れるよう設定します。アタックは5〜10ms程度を目安とし（ソースが打楽器の場合、さらに短く設定します）、リリースは余韻の出方に注目しながら0.1〜200ms程度で調整してください。ソース自体の余韻よりもリリースが短すぎるとポンピング現象が目立つようになり、逆に長すぎると次の音が最初からコンプレッションされた状態で出力されてしまいます。レシオは3：1〜8：1、スレッショルドはこちらもゲインリダクションのピークが−6dB程度になるのを目安としますが、リリースとスレッショルドを相互に調整しながら、パーカッシブなサウンドの1打ごとにきちんとゲインリダクションの値が0dBに戻るように設定するのが理想的です。

もちろんここに挙げた数値はあくまで平均的なものであって、実際にはソースの特性や狙うサウンドによって上記の範囲を超えた設定を行うこともあります。またその派生として、オプトタイプで圧縮後、その網からこぼれた立ち上がりの速い音をVCAタイプなどで圧縮するといった、特性の違う（または設定の異なる）複数のコンプレッサーによる多段がけなどの手法も工夫してみましょう。

コンプレッサーのパラメーター設定には正解がありません。適切な活用のためには、仕組みをしっかりと理解した上で実践を重ね、感覚を養うことが肝要です。

Theory 07　残響(リバーブレーション)の調整

　サウンドに残響感を与えて華やかに聴かせたり、トラック同士をなじませたり、配置に奥行き感を演出したりといった役割を果たすのがリバーブです(FILE 30：リバーブなし／FILE 31：リバーブあり)。実際のミキシングにおいては、最適なリバーブのタイプの選択や、かかりの深さの設定が必要であり、わかりやすい効果を得たい場合、繊細な空間のニュアンスを足したい場合など、ケースもさまざまです。ここでリバーブを使いこなすためのポイントを押さえておきましょう。

🎛 リバーブの接続方法

　リバーブを利用する際の接続方式には選択肢が2つあります。センドルーティングを利用して、リバーブをかけたいトラックのオーディオ信号をそこへ送り込むセンド方式と、リバーブをかけたいトラックに直接リバーブのプラグインを配置するインサート方式です。

■センド方式でのリバーブ

　センド方式で接続されたリバーブは、複数のトラックで共有利用することが可能です。なお、この方式の鉄則として、リバーブのミックス(後述)パラメーターは残響成分のみを出力する設定(ウェット＝100％)にしておかなければなりません。つまり、センドトラック上のリバーブからは、常に残響成分だけが出力される状態にしておくわけです。

　最終的なリバーブの効果は、ソースとなるトラックとセンドトラックからの残響成分をミキサー上でミックスすることで得られ、個々のトラックに加わる残響成分の量は、各トラックに装備されているセンドつまみで調整します。

　センド方式でのリバーブには、ソースのサウンドに対して純粋に残響音を足す結果となるため、ソースの音量感が変わりにくいという特徴があります。

■インサート方式でのリバーブ

　ソースのトラックに対して直接リバーブを配置するインサート方式では、センド方式のような複数のトラックでのリバーブの共有利用はできません。

　インサート方式でのリバーブの効果は、リバーブのミックスパラメーターで調整します。これはソースの音量と残響成分の混合比を設定するパラメーターで、50：50ならばちょうど半々となり、100：0、つまりウェット＝0％に設定すると、ソースがそのまま出力されます。

　また残響成分の混合率を50より大きく設定すると、その分ソースの音量が減少しますから、奥行き感を演出したい場合などは、センド方式でのリバーブよりもこちらの方が直接的な設定が可能です。

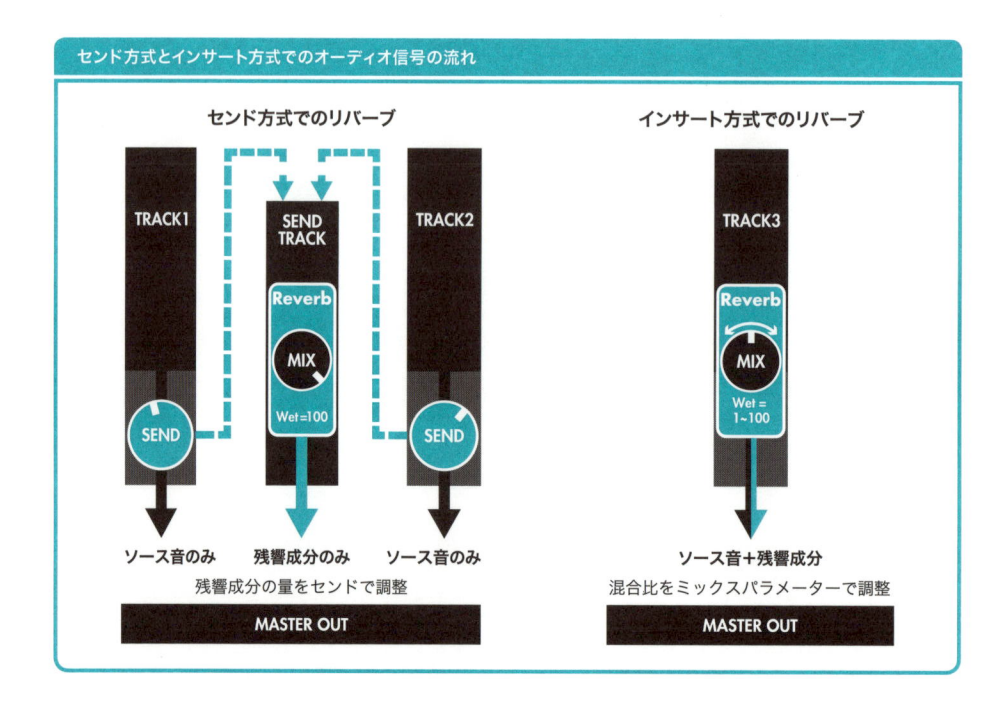

セント方式とインサート方式でのオーディオ信号の流れ

🔵 リバーブの基本パラメーター

　リバーブについてはほぼすべてのDAWにバンドルされていると言えます。ここでは標準的なパラメーター構成になっているCubase Proの**roomworks**を例にしてリバーブの基本パラメーターのはたらきを説明します。機種によって独自パラメーターの追加や省略、統合があったり、呼び方に多少の違いはありますが、押さえておくべき点は変わりません。

■プリディレイ

　ソースと残響音に若干の時間差（ディレイ）を作ることができるパラメーターです。値を大きくするに従って音場空間の奥行きが感じられるようになります。また、打楽器系のトラックなどでソースが持つアタック成分を残響音でぼやけさせたくない場合などにも活用することができます（FILE 32：プリディレイなし／FILE 33：プリディレイあり）。

残響（リバーブレーション）の調整

■リバーブタイム

　残響音の長さを時間で指定します。タイムを長く設定するほど強烈なリバーブの効果が得られますが、あまりに長いと次のフレーズにかぶって重たい印象になるため、楽曲のテンポやフレーズを構成する音符の間隔などに合わせて調整する必要があります。

■サイズ

　音場の容積（広さ）を決めるパラメーターです。時間（ms単位）で設定するタイプや距離（m）で設定するタイプの製品もありますが、結果として値を大きくすると個々の反射の間隔が長くなり、壁が遠くなる（＝音場が広い）印象になる点で、意味するところは同じです。小さくすると音場が狭くなります。ソースを演奏している部屋の広さをイメージし、それに合った値を設定します。

■ディフュージョン

　ディフュージョン（Diffusion）とは"拡散"の意味で、残響音の広がり方を設定するパラメーターです。数値を上げるほど拡散の度合いが高まります（FILE 34：ディフュージョン小／FILE 35：ディフュージョン大）。

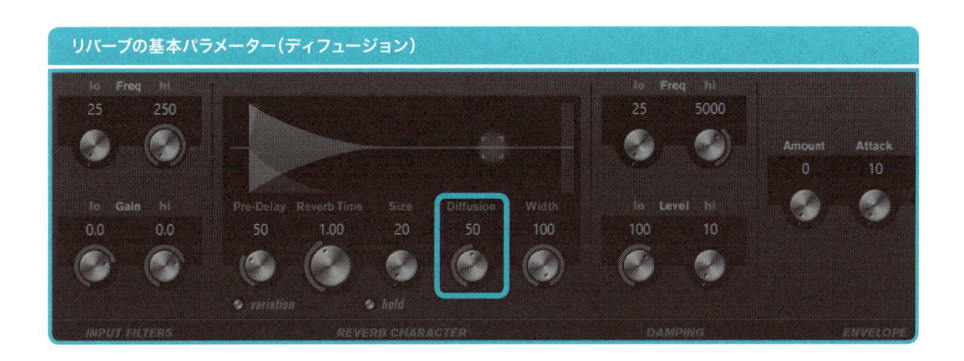

■ウィズ

　ステレオ出力する際の残響音のステレオ幅を設定するパラメーターです。ミキシング上、意図的にステレオ幅を狭める際に利用します。0に設定すると残響音がモノラル出力されます。通常はデフォルト値（完全なステレオ）のままでかまいません。

■ミックス

　ソース（ドライ）と残響成分（ウェット）の比率を設定するパラメーターです。

残響（リバーブレーション）の調整

　バランスやブレンドと呼んでいる機種もあります。50：50で両者の比率がちょうど半々となり、残響成分の比率を上げるほど、リバーブのかかりが深くなります。

　インサート方式でリバーブを使用する場合は、このパラメーターでリバーブ効果の度合いをコントロールします。一方、センド方式でリバーブを使用する場合は、ウェットを100％（＝ドライをミュート）に設定して、残響音のみが出力されるように設定します。

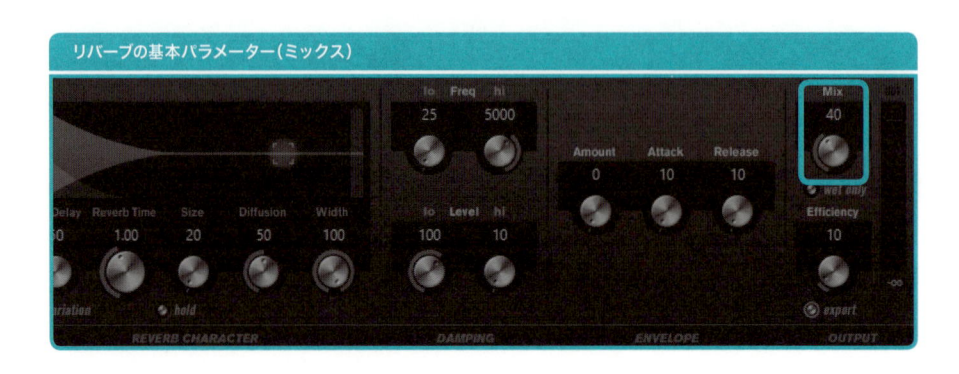

● リバーブに用意されるその他のパラメーター

　機種によっては、さらにパラメーターが用意されているリバーブもあります。中でも次に挙げるものは、高機能を謳う機種の多くに搭載されているものです。

■アーリーリフレクション

　残響音の本体は特性の異なる複数のエコーの集合体と言い換えることができます。アーリーリフレクションは、その残響の本体よりも先に耳に届く、1発目の反射音のレベルを設定するパラメーターです。

　レベルの大小によって、壁の材質感と空間のキャラクターをまとめて調整することができます（FILE 36：アーリーリフレクションレベル小／FILE 37：アーリーリフレクションレベル大）。

■デンシティ

デンシティ（Density）とは"密度"の意味で、文字通り残響音の密度を設定するパラメーターです。残響音の本体を構築するエコーの粗密をコントロールするために用います。デンシティを大きく設定するほど密度が高まって個々のエコーの存在感が減少し、残響音のテイストは、なめらか、湿った、重い、などの言葉で表せる感じになります。逆に、設定を小さくするほど、個々のエコーの存在がはっきりし、粗い、乾いた、軽い、といった感じのテイストになります。適切な残響音の粗密加減はジャンルやソースによって変わりますが、一般的なポップス系のボーカル、ストリングス、ブラスなどでは、デンシティを抑え目に設定するケースが多いようです。

デンシティの数値と設定効果はディフュージョンの設定と密接な関係にあり、デンシティが同じ値のままならば、ディフュージョンの値を大きくするほど実質的な残響音の密度は下がります。製品によってはディフュージョンとデンシティの役割を分けず、ディフュージョンのパラメーターとして一括管理するものもありますが、両者の個別設定が可能な場合は、相対的な観点での設定を行うようにしてください。

■インプットフィルター

リバーブに入力されるオーディオ信号を、ソースのままと残響調整用に分岐し、残響調整用のオーディオ信号に対して適用するフィルターがインプットフィルターです。通常はローカットとハイカットのパラメーターが用意され、中心周波数とブースト／カット量を設定できるようになっています。残響音に対するイコライジング機能と言ってよく、リバーブEQなどという名称になっていることもあります。

ここで行うフィルター設定は、あくまで残響音のみを対象とするもので、ソースの音質自体には影響を及ぼしません。"リバーブを深めにかけたいが、サウンドが重くなるのは避けたい"というときに、残響音から低域成分を削るといった使い方が一般的です（FILE 38：インプットフィルター未設定／FILE 39：インプットフィルター設定済）。

残響（リバーブレーション）の調整

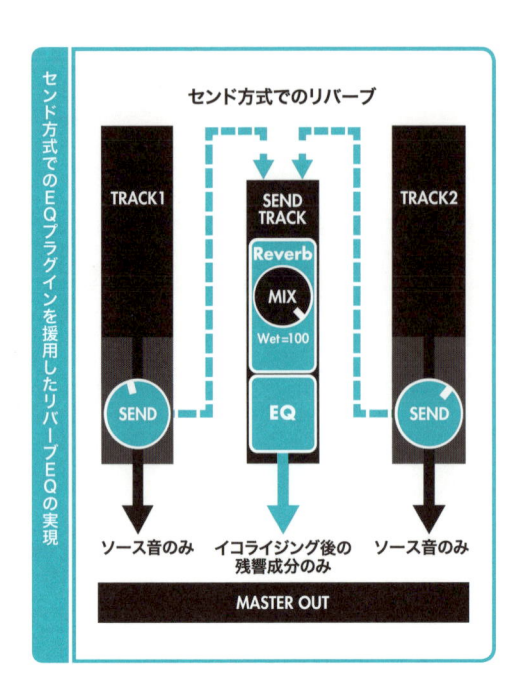

セント方式でのリバーブ

TRACK1

SEND
TRACK

Reverb

MIX

Wet=100

TRACK2

SEND

EQ

SEND

ソース音のみ　イコライジング後の　ソース音のみ
残響成分のみ

MASTER OUT

なお、センド方式でリバーブを
かける場合には、あえてインプッ
トフィルター機能を使用せず（＝
各フィルターを0dBに設定して）、
左図のようにセンドトラック内のリ
バーブの後段に任意のEQを配置
し、このEQを使った、自由度の高
い残響音に対するイコライジング
を行ってみるのもいいでしょう。

■ハイダンピング／ローダンピング

　ダンピングは残響音の減衰のしかたを調整するパラメーターで、通常は高域を
削るためのハイダンピングと低域を削るためのローダンピングの2つが用意されて
いますが、中域用のダンピングを備えた機種もあります。

　ハイ／ローのそれぞれに境界となる周波数を設定し、ハイダンピングでは残
響音に含まれる境界以上の帯域の減衰率、ローダンピングでは残響音に含まれ
る境界以下の帯域の減衰率の設定を行います（FILE40：ダンピング未設定／
FILE41：ダンピング設定済）。

　自然界では、通常、残響音に含まれる高域成分は低域成分よりも速く減衰しま
すが、このパラメーターの設定によっては、現実にはありえない特殊な残響感を
作ることも可能です。

用途に合わせたリバーブのタイプ選択

　装備されたパラメーターを駆使することで、目的に応じた空間の残響特性を作り出すのがリバーブ設定の理想です。しかし、まったくニュートラルな状態から目的の空間の残響特性を得るには、かなり専門的な知識を必要とする作業になり、アマチュアにとってはミキシング本来の作業の停滞につながりかねません。

　そのため、多くのリバーブプラグインには、イメージする空間の残響特性に基づいて、ホール、ルーム（スタジオ）、プレート、ノンリニアといったタイプ別のプリセットが用意されているわけです。

　参考として、大雑把ですがタイプを用途別に分類すると次のようになります。

・ホール系
　汎用的に複数のトラックにかけトラック同士を馴染ませる（FILE 42：ホールリバーブ（ドライ）／FILE 43：ホールリバーブ（ウェット））。

・プレート系
　ボーカルやスネアなど存在感を出したいトラックにかける（FILE 44：プレートリバーブ（ドライ）／FILE 45：プレートリバーブ（ウェット））。

・ルーム（スタジオ）系
　距離感や箱鳴りを演出したい場合に選択する（FILE 46：ルームリバーブ（ドライ）／FILE 47：ルームリバーブ（ウェット））。

・ノンリニア系
　自然界にはありえない残響特性を持ち、トリッキーなリバーブ効果を得たい場合に選択する（FILE 48：ノンリニアリバーブ（ドライ）／FILE 49：ノンリニアリバーブ（ウェット））。

残響（リバーブレーション）の調整

　実際のミキシング作業では、まず目的に合わせてタイプを決め、そこからさらにイメージするサウンドに近いプリセットを探し、ソースに合わせてパラメーターを微調整する、というプロセスが最も効率的な設定方法と言えるでしょう。

● コンボリューションリバーブの特徴と用途

　最近ではCubase Proにバンドルされるreverenceをはじめ、コンボリューションリバーブ（サンプリングリバーブ、IRリバーブ）がDAWにバンドルされることが当たり前になっているため、すでに使ったことがある人もいると思います。

　残響音を作り出すという役割としては、コンボリューションリバーブと通常のリバーブに違いはありません。違っているのは、通常のリバーブがいろんなパラメーターを細かく設定しながら空間をシミュレートし、その空間での残響を得ようとするのに対し、コンボリューションリバーブは、現実のホールや建物で残響の音響特性を計測し、コンボリューション（畳み込み）演算によってそのホールや建物での残響を再現するという点です。その結果、コンボリューションリバーブでは、理論上あらゆるソースに対して実際にそのロケーションで演奏したのと同じ残響音を付加することができることになるわけです。

　ちなみにIRデータとその再現を行うコンボリューション演算は、残響の音響特性だけに限らず、エフェクターの効果や、ギター／ベースアンプ、マイクなどのサウンド特性データとしても利用されており、実機をシミュレートしたプラグインやハードウェアに活用されています。

　とりわけリアルさに関しては、シンセサイザーでシミュレートしたピアノの音よりも、そのものの音をサンプリングしたピアノの方が断然上なのと同様、残響感のリアルさではコンボリューションリバーブの方が勝ります（FILE 50：コンボリューションリバーブ（ドライ）／FILE 51：コンボリューションリバーブ（ウェット））。

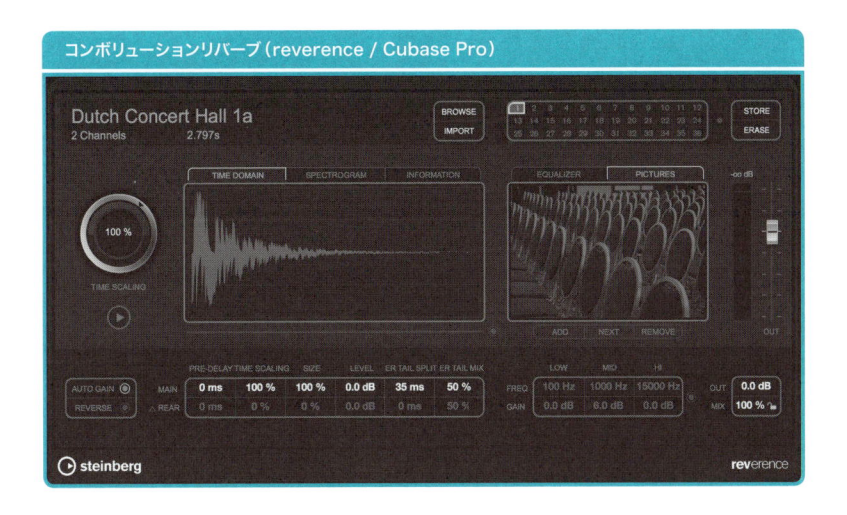

コンボリューションリバーブ（reverence / Cubase Pro）

　コンボリューションリバーブの短所として、相対的に通常のリバーブよりもCPU負荷が高い点が挙げられるでしょう。特に長い残響を与える場合などに注意が必要です。また、残響音の特性がある程度固定されてしまうため、細かな設定を行いづらいという点も挙げられます。利用の際にはこの2点を意識し、通常のリバーブとケースバイケースの使い分けを心がけてください。

　フリーウェアとして入手可能なものはそれほど多くないのですが、優秀なものとしてMelda Productionの**MConvolutionEZ**があります。

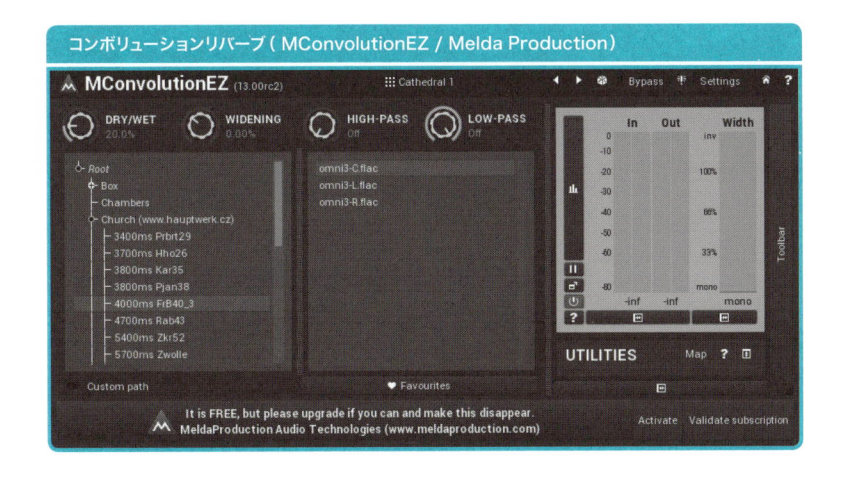

コンボリューションリバーブ（ MConvolutionEZ / Melda Production）

残響（リバーブレーション）の調整

◉ リバーブでのパラメーター設定のコツ

リバーブの設定を行う際は、まず最も汎用的なホール系のリバーブをセンド方式で使用できるよう、センドトラックを用意しておくことから始めるのが合理的です。なお、センドトラックという呼び方はDAWによってFXチャンネルトラックやAUX（バス）トラックなどのように異なりますが、ソーストラックから送られるセンド信号を受け取るという役割は変わりません。

このホール系のリバーブを配置したセンドトラックに対して、上物のトラックを中心に適切なセンド量を設定しましょう。センド量は、全体をミックスして聴いたときに、いかにも"リバーブをかけています"という感じが出てしまわない程度に抑えるのがポイントです（積極的にリバーブを聴かせたい場合を除く）。

また、リバーブがいらないと思われるトラック（リズム隊など）からも少量センドしておきましょう。このことによって定位感がほどよくぼやけ、ミックス全体のなじみがしっくりくるようになります。

ボーカルやスネアなどのように目立たせたいトラックには、プレート系のリバーブをセンド方式で適用します。

プレート系のリバーブには前述のホール系と違い、サウンドに艶を与え、ミックス全体からやや浮かび上がらせる効果があります。ただし、同じボーカルでもコーラスなどのバックボーカルには、かけない方が好結果につながるケースが多いと思います。また、プレート系をかけたトラックからも、ホール系のリバーブを配置したセンドトラックに対して少量のセンドを行い、ミックス全体の中でのなじみ感の調整ができるようにしておきます。

わかりやすく奥行き感を演出したい際は、ルーム系リバーブをインサート方式で適用してみましょう。ルーム系リバーブでは、ほとんど残響を出すことなく、サウンドの輪郭をぼやけさせたり、ステレオトラックで使用した場合は定位感もあいまいにすることができます。その結果として、ミックスパラメーターでウェットの比率を大きくするにつれてサウンドが奥まっていく印象が得られるわけです。

Theory 08　補助的な役割を果たすエフェクト

　ここまではミキシングにおける基本的なエフェクトを取り上げてきましたが、他にも作業を手助けしてくれる便利なエフェクトは存在します。そのすべてを紹介するのは難しいため、代表的なものをピックアップしてみました。

◯ ディレイ

　ディレイは原音を繰り返しながら減衰させることで、いわゆるエコーや山びこのような効果が得られるエフェクトです。

　曲のテンポにシンク（同期）させながら派手にかければ、ソースのフレーズを複雑に変貌させるアレンジ的な効果が得られますし（FILE 52：ディレイなしフレーズ／FILE 53：ディレイありフレーズ）、微妙にかけてトラックのサウンドをにじませることもできます。また、モノラルソースに対して、サウンドのニュアンスを変えずに、左右の広がりを与えることも可能になります。

　ここでは例としてCubase Proのmono delayを用いますが、どのDAWにバンドルされるものでもパラメーター操作に大きな違いはありません。

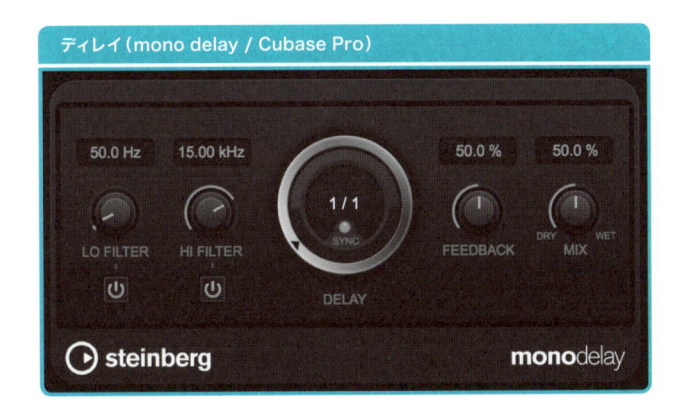

ディレイ（mono delay / Cubase Pro）

ディレイの代表的なパラメーターは次のようになっています。

■ディレイタイム

ディレイ音の間隔を絶対時間または音符の種類で設定するパラメーターです。mono delayではDELAYと表示されているものがこれに相当します。

絶対時間で設定した場合、常に設定した間隔でディレイ音が発生するため、楽曲のテンポを変更すると、楽曲のビートとディレイ音のタイミングが合わなくなります（FILE 54：テンポ変更前のディレイ効果／FILE 55：テンポ変更後のディレイ効果）。テンポ同期モード（mono delayではSYNCボタンをオン）に設定した場合は、楽曲のテンポ変更にディレイ音の発生タイミングが追従するため、両者のタイミングは常にずれません（FILE 56：テンポ同期モードでのディレイ効果（テンポ＝速）／FILE 57：テンポ同期モードでのディレイ効果（テンポ＝遅））。

絶対時間はms（ミリ秒）単位、テンポ同期モードでは音符の長さで設定するというのが、多くのディレイでの基本になっています。モノラルソースをステレオに広げたり、サウンドをにじませたいときは、絶対時間設定を行い、ディレイを使ってフレーズをアレンジする場合などは、テンポ同期モードでのディレイタイム設定を行う、というように使い分けるといいでしょう。

■フィードバックとフィルター

フィードバックはディレイ音の減衰率を設定する…… 平たく言えば、山びこの返ってくる回数を調整するパラメーターです。

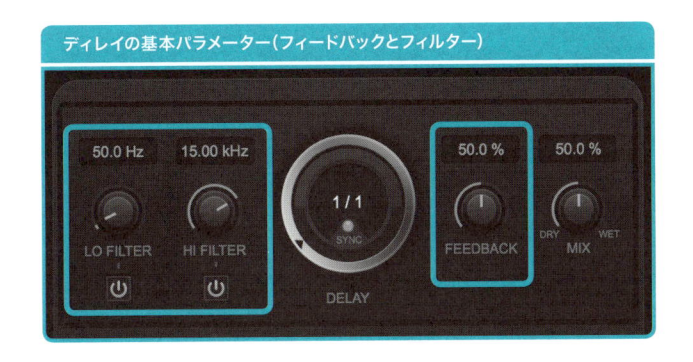

ディレイの基本パラメーター（フィードバックとフィルター）

パーセンテージで設定を行うタイプが多く、100％に設定すると減衰が行われなくなり（無限フィードバック）、0％に設定すると1回だけのフィードバックになります。フィードバック設定はディレイタイム設定とも密接に関係し、ディレイタイムが遅くフィードバックの値も大きければ、ディレイ効果が消え去るまでの時間が相乗的に長くなります。"短い間隔の山びこを何回も"、"長い間隔の山びこを1回だけ"など、どのくらいの時間ディレイ効果を継続させたいかを意識して調整してください。

一方のフィルターは、ディレイ音から指定した周波数よりも高い成分をカットするハイカット（＝ローパス）や指定した周波数よりも低い成分をカットするローカット（＝ハイパス）などで構成されるパラメーターです。"ディレイ音の存在感は出したいが、山びこのアタック成分が気になる"というケースや、ディレイ音からハイエンド成分が徐々に欠落していくアナログディレイのテイストに近づけたいケースなどには、ハイカットでの周波数設定でディレイ音から高域成分を削ります。また、ディレイをかけることでサウンドにもったり感が生じてしまうときなどには、ローカットでの周波数設定でディレイ音から低域成分を削り、軽やかな印象のディレイ効果を得ることができます。

■ミックス

ソースの音量（ドライ）とディレイ音の音量（ウェット）の混合比を設定するパラメーターです。

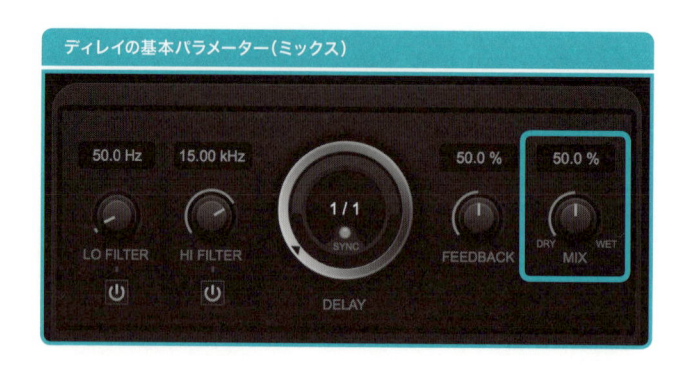

リバーブでのミックスパラメーターと同様、設定は混合比率を表しますので、50%を超える数値ではディレイ音がソースよりも大きくなり、下回る数値に設定すればソースの音量がディレイ音より大きくなります。

なお、ミックスの数値設定を変更することによって、実際に聴き取れるフィードバックの回数が増減しますから、場合によってはフィードバックの再設定が必要になるケースもあります。

● ミックス時に利用できるディレイの基本テクニック

ビートルズのアルバム『リボルバー』から使用され始めたことでおなじみの、ADT（Artificial Double Tracking）を模したボーカルトラックのダブリング効果は、ディレイを利用して簡単に得ることができます。

ソースとなるボーカルトラックにディレイをインサート方式で配置したら、次のように設定してみましょう。ボーカルがダブって聞こえるようになります（FILE 58：ディレイによるダブリング処理前／FILE 59：ディレイによるダブリング処理後）。

・ディレイタイム：15〜25ms

・フィードバック：0%

・フィルター：不使用

・ミックス：30〜50%

　また、リードギター用にセンターを空けようと思ってギター1本でのバッキングトラックを左にパン設定したら、周波数帯域的に右側に隙間ができてしまう上に、トータルな左右のレベルバランスも左に偏ってしまった……などというケースでは、右側にバッキングトラックのディレイ音を飛ばして、左右の帯域とレベルのバランスを一挙にとることができます（FILE 60：ディレイによるステレオ処理前／FILE 61：ディレイによるステレオ処理後）。

　ここではセンド方式でディレイを使用しますから、まずセンドトラックを用意し、そこにディレイプラグイン配置します。

　このとき、センドトラックのパンは“ソーストラックが左いっぱいならセンドトラックは右いっぱい”のように、左右対称の位置になるように設定するのが基本です。ソースとなるバッキングトラックのセンドつまみを0dBにしてDAWを再生すると、右チャンネルからもソーストラックと同じ演奏が出力されます。

　ディレイプラグインのディレイタイム設定が0msの場合、左右のチャンネルから同一音量、同一タイミングで音が出てしまうので、結局モノラル出力と同じことになってしまいますが、次ページのように設定を行うと、左右に広がって聞こえるようになります。

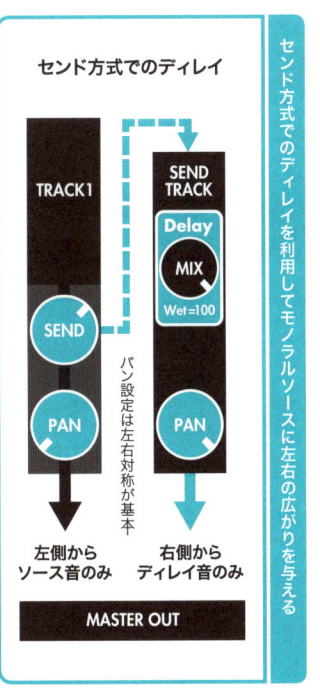

・ディレイタイム：20〜25ms
・フィードバック：0%
・フィルター：不使用
・ミックス：100%

　もちろんこの場合、センター部分でのバッキングトラックの存在感が希薄になりますので、そこにリードギターを定位させてもバッキングトラックの演奏が無駄にかぶってしまうことはありません。もし、そのままでは左側が大きく聞こえる感じがするようなら、ソーストラックのセンドつまみでセンド量を若干増やす（またはソーストラックのフェーダーを若干下げる）ことで、聴感上の左右の音量バランスをとることができます。また、センド量を減らすほど、バッキングトラックの定位が左側に寄っていきますので、その特性を利用した定位の調整も可能です。

　さらに、同様のルーティングでディレイタイムを1〜3ms程度に設定すると、定位が左に寄って聞こえるようになります。これは"同じ音量の音ならば先に耳に届いた方を発生源として認識する"聴覚の特性によるもので、ハース効果と呼ばれる現象です。上記の設定では右のトラックからの音が、左トラックのソース音よりも少し遅れて出るため、結果的に音源が左にあるように感じるはずです（FILE62：ハース効果設定前／FILE63：ハース効果設定後）。なお、ディレイタイムを長くしていくにつれ、ハース効果は薄れ、単に音場が左右に広がった感じに変わっていきます。

　ハース効果のポイントは、通常のパン設定が左右のスピーカーからの出力音量を変えることでセンター以外の定位を得るのに対し、左右のスピーカーから出る音量が等しいままで、定位をセンターから移動させられるところにあります。

　たとえば、ライブ用の2MIXオケを制作するとき、通常のパン設定で左に振り切ったカッティングギターの音は右側のスピーカーからまったく出ず、会場の規模にもよりますが、右のスピーカー前にいるオーディエンスには、カッティングギターのパートはほとんど聞こえないか、少なくともミキシングの意図とは違うバランス

で聞こえる状況になります。一方、ハース効果で左に定位を振った場合は、左右ス
ピーカー間での音量差が生じないため、こういった状況を防止できるわけです。

ピンポンディレイの特徴と用途

　ピンポンディレイはステレオディレイの一種で、ソースがセンターから出ている
状態でディレイ音が左右交互に発生するタイプのディレイです（FILE64：ピンポ
ンディレイ処理前／FILE65：ピンポンディレイ処理後）。ディレイで広がりを持
たせながら左右のバランスを均等にしたい場合に用います。

　強くかければ独特の空間演出を行え、微妙な深さでかければ他トラックとのブ
レンド感を向上させることが可能です。DAWによっては通常のディレイにピンポ
ンディレイを統合しているものもありますが、単独タイプではCubase Proにバンド
ルされているpingpong delayが、まさにこのピンポンディレイに相当します。

　なお、pingpong delayはディレイ音の左右の広がり具合を調整するSPATI
ALパラメーターを装備していますが、機種によってはこのようなパラメーターを持
たないものもあります。

補助的な役割を果たすエフェクト

その場合はピンポンディレイの後段にステレオイメージャーを配して、左右の広がりをコントロールするのが最も手っ取り早いでしょう。フリーウェアとして入手可能なものにはVoxengoの**Tempo Delay**があります。

ピンポンディレイ（Tempo Delay / Voxengo）

マルチタップディレイの特徴と用途

通常のディレイは1つのタップ（ディレイ音）を対象にしてパラメーターの設定を行いますが、マルチタップディレイは、複数のタップに対して個別にディレイタイムや音量、パンなどを調整できるタイプのディレイです（FILE 66：マルチタップディレイ処理前／FILE 67：マルチタップディレイ処理後）。

飛び道具的な存在として多くのDAWにバンドルされる、Studio One Professionalの**Groove Delay**もその1つに数えられます。設定できるタップの数は機種によって異なり、**Groove Delay**は最大4つのタップに対してディレイの個別設定が可能になっています。設定の自由度が非常に高く、複雑でトリッキーなディレイ効果を得たい場合などに威力を発揮するのはもちろん、設定によって、モノラル／ステレオ／ピンポンディレイとしても使えますので、汎用性の高いディレイと言えます。試用可能な製品版としては高機能タイプの**UVI RELAYER**があります。

マルチタップディレイ（Groove Delay / Studio One Professional）

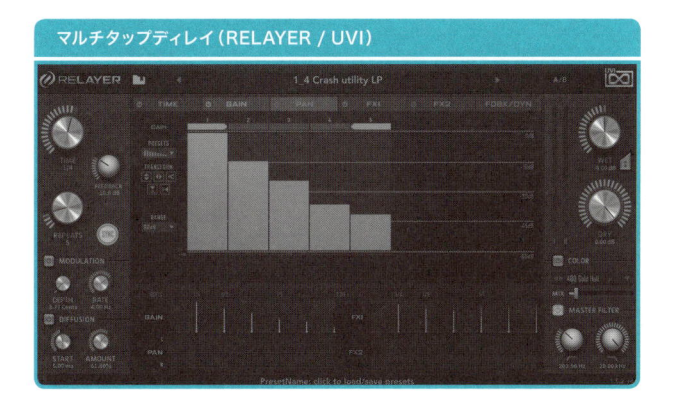

マルチタップディレイ（RELAYER / UVI）

◯ ディエッサー

　発音の癖によって生じてしまった歯擦音を取り除いたり、目立たなくさせるためのエフェクトです（FILE68：ディエッシング前／FILE69：ディエッシング後）。ディエッサーには通常、次のようなはたらきを持つパラメーターが用意されています。

・フィルター（フリーケンシー）：ディエッシングの対象となる帯域を設定
・スレッショルド：ディエッシング回路作動のしきい値を設定
・リダクション：ディエッシングによる音量の最大低減値を設定
・リリース：ディエッシング回路作動終了後、効果がゼロになるまでの時間を設定

　パラメーターのはたらきからわかるように、ディエッサーの仕組みは、特定の帯域だけに反応するコンプレッサーのようなものと言えるでしょう。Cubase Proの**de esser**をはじめ、ほとんどすべてのDAWにバンドルされています。

　実際には製品によってパラメーターの名称にばらつきがあり、固有の機能を付加されているケースもあるため、もう少し複雑またはシンプルな設定になる場合もありますが、設定時における基本的なパラメーター設定の考え方は共通です。試用可能な製品版としてはeiosis **e2 deesser**が挙げられます。

ディエッサー（deesser / Cubase Pro）

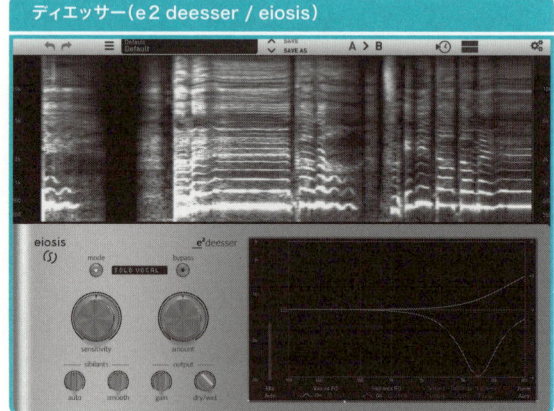

ディエッサー（e2 deesser / eiosis）

🔵 サチュレーター

　EQで高域をブーストしてもあまり音が抜けてこない場合や、ボーカルをもう少し前に出したいといった際に重宝するのがサチュレーターです。ソースに歪み（サチュレーション）を与えることで倍音を発生させ、サウンドに抜け感や張りをもたらすエフェクトで、通常のEQを使った、周波数成分の増減によるイコライジングとはひと味違った効果を得ることができます（FILE 70：サチュレーター適用前／FILE 71：サチュレーター適用後）。

　サチュレーションは発生原理と特性の違いによって、真空管（バルブ／チュー

M I X I N G

M A S T E R I N G

ブ)、FET、磁気テープの3つに
ほぼ分けることができます。

　サチュレーターには、それら
3つのサチュレーションを1機
種の中で切り換えられるタイプ
と、どれか1つに絞ったタイプ
があり、DAWに標準バンドル
されるものとしては、Cubase
Proの**da tube**(真空管タイプ)
や**magneto II**(磁気テープタ

サチュレーター (Saturation Knob / Softube)

イプ)、入手可能なフリーウェアとしてはSoftube **Saturation Knob**(真空管タイ
プ)があります。

　パラメーター構成は機種によって違いますが、付加するサチュレーションの量
と、処理の対象とする帯域を設定するのが操作の基本である点は変わりません。
たとえば**Saturation Knob**では、SATURATIONでサチュレーションの量を
決め、SATURATION TYPEで効果の対象にする帯域を設定するようになって
います(高域へのサチュレーション付加を抑えるKEEP HIGH、全音域均等にサ
チュレーションを付加するNEUTRAL、低域へのサチュレーション付加を抑える
KEEP LOWからの選択式)。なお、サチュレーターは、はっきり歪みとわかるほど
までかけないのが原則です。歪ませすぎるとノイズが発生したり、音がつぶれて輪
郭がぼやけたりするので、あえてその感じをねらう場合以外は注意してください。

🔵 エキサイター

　Aphex Aural Exciterの出現に端を発し、ボーカルをシャキッとさせる魔法のエ
フェクトとして70〜80年代にもてはやされたのがエキサイターです。

補助的な役割を果たすエフェクト

ボーカル以外に、ギターやピアノ、打楽器などのトラックなどでも多く使用されました。ソースに歪みを与えることで倍音を発生させ、サウンドに抜け感や張りをもたらすという点では、サチュレーターと似たはたらきを持つエフェクトと言えます（FILE 72：エキサイター適用前／FILE 73：エキサイター適用後）。

DAWに標準バンドルされているものとしてはLogic ProのExciterがあり、試用可能な製品版にはWAVESのAPHEX VINTAGE AURAL EXCITERがあります。これはその名前が示すように、第一世代の実機をプラグイン化したものです。

エキサイター（Exciter / Logic Pro）

エキサイター（APHEX VINTAGE AURAL EXCITER / WAVES）

エキサイターに装備されるパラメーターの構成は各機種とも総じてシンプルです。Logic ProのExciterでは、Frequencyで指定した周波数以上の帯域に倍音を発生させるようになっている点でユニークですが、基本的には、入出力レベル設定、加える倍音成分の量、出力信号内のドライ／ウェットの成分比（APHEX VINTAGE AURAL EXCITERではAX MIXというパラメーター。Exciterでは Dry Signalパラメーターのオン／オフによる、ドライを加えるかどうかの二者択一）を設定するくらいと考えていいでしょう。

⏱ トランジェントシェイパー

コンプレッサーでは思ったようにアタック感やサスティンの調整ができないとき

には、トランジェントシェイパーを使用することでイメージに合ったサウンドの立ち上がり方や終息のしかたを得ることができます（FILE 74：トランジェントシェイピング前／FILE 75：トランジェントシェイピング後）。

独立したエフェクトとして成立したのは比較的新しく、Cubase Proの**envelope shaper**などのように、DAWに標準バンドルされるケースも増えています。また、試用可能な製品版には**SPL**の**TD PLUS**（Transient Designer Plus）があります。

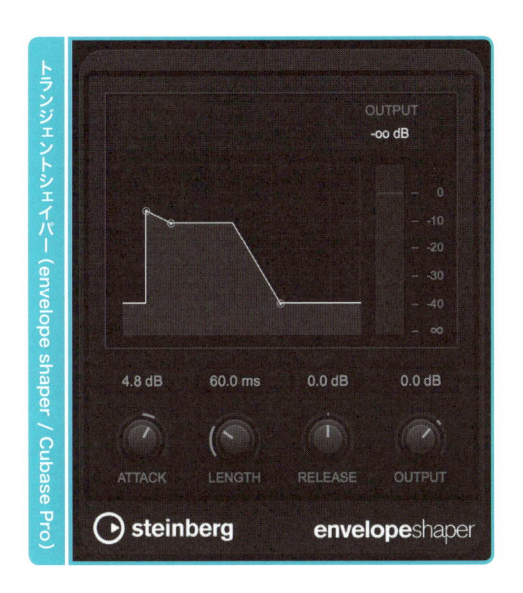

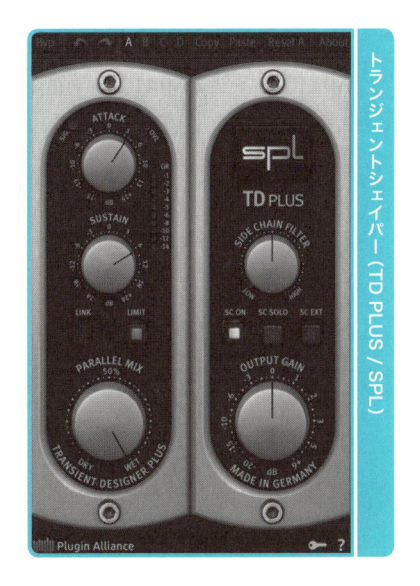

トランジェントシェイパーに装備されるパラメーターは、アタックの鋭さとサスティン（リリース）の伸び具合の2つの設定がメインとなります。なお、**envelope shaper**には、それらに加えてアタックの持続時間を設定するLENGTHというパラメーターも装備されます。

トランジェントシェイパーは打楽器やピアノ、ギター、ベースなどのような、アタックのはっきりしたソースに対して利用するのが通常です。スローアタックのストリングスやパッドなどでは思うような結果が得られないことが多くなります。

◉ ステレオイメージャー

　ステレオイメージャーは、ステレオトラックの聴感上の広がりをコントロールし、より広く（あるいはより狭く）聴かせるためのエフェクトです（FILE 76：ステレオイメージ100％／FILE 77：ステレオイメージ200％）。センター定位のソースのステレオ幅をより広げることでセンターにスペースを作り、センター定位のモノラルトラックとのかぶりを軽減することなどができます。Studio One Professionalの**Binaural Pan**をはじめ、各DAWのほとんどに標準バンドルされますが、基本的なパラメーター設定は、左右のステレオイメージの幅（ウィズ）とパンの2つとなります。

ステレオイメージャー（Binaural Pan / Studio One Professional）

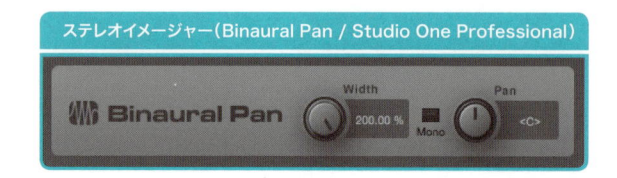

　入手可能なフリーウェアにALEX HILTONの**A1StereoControl**があります。この**A1StereoControl**は、上記2つの基本パラメーターに加え、指定以下の周波数帯には効果を及ぼさないようにするSAFE BASS機能やMUTE MID/SIDE機能などを装備する本格的なステレオイメージャーとして使用できます。

ステレオイメージャー（A1StereoControl / ALEX HILTON）

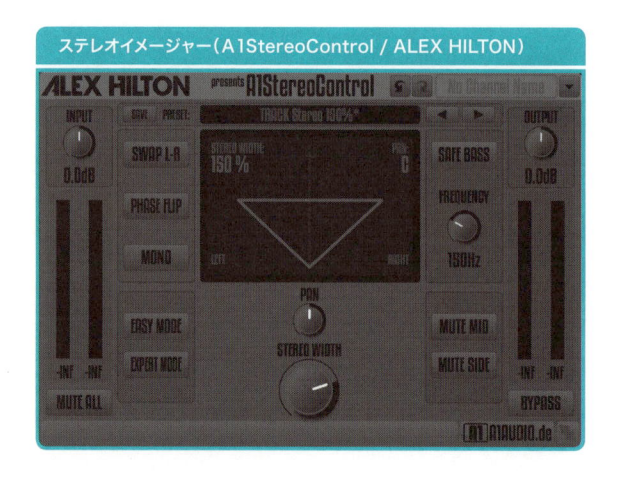

MIXING
THEORY

ミキシングの基礎
サウンドメイキングの基礎

サウンドメイキングの実際

ミキシングの実際

マスタリングの基礎
マスタリングの実際
APPENDIX

MASTERING
THEORY

Theory 09 ソース別サウンドメイキングの実例

　それではここで、サウンドメイキングの実例をパラメーター設定値を示しながらソース別に挙げていくことにしましょう。

　使用するプラグインの機種によって結果に多少の相違は生じますが、付録オーディオファイルを自分のDAW上に配置し、ウェットファイルのサウンドを参照しながら、ドライファイルに対して同様のエフェクト設定を行うことで、実際にサウンドの変化を体感してみてください。

　なお、参考までに、作例に使用したプラグインも付記してあります。

ドラムセット

重めのキック　（FILE 78：ドライ／FILE 79：ウェット）	
ルーティング	EQ（frequency / Cubase Pro）　→
	コンプレッサー（CLA-76 / WAVES）
EQ	20Hz（ローカット）
	60Hz：＋8dB（ピーク）
	200Hz：−6dB（ピーク）
	5.8kHz：＋6dB（ピーク）
コンプレッサー	タイプ：FET
	レシオ：4：1
	アタック：2（目盛値）／8.5ms（参考値）
	リリース：7（目盛値）／10ms（参考値）
	ゲインリダクションの目安：−6dB

■EQ

　汎用パラメトリックEQを使用。20Hz以下をローカットし、重さを出すために60Hz付近を8dBほどブースト、タイト感を出すために200Hz付近を6dBカットしました。高域はやや高めのアタック感を担っているポイントを探し、5.8kHz付近を6dBほどブーストして、ドンシャリな雰囲気をねらっています。

■コンプレッサー

　1176系のFETタイプを使用。レシオを4：1、アタックを打楽器としてはやや遅めの2（目盛値）、リリースを7（目盛値）に設定することで、アタック感を残しながら余韻を持ち上げて、重さが出るようにしています。また、ゲインリダクションは−6dB程度になるようにインプットを調整し、最後にゲインリダクション量に見合うようにアウトプットを持ち上げます。これはどのコンプレッサーにも共通する操作です。

軽めのキック　（FILE 80：ドライ／FILE 81：ウェット）	
ルーティング	EQ（frequency / Cubase Pro）　→
	コンプレッサー（CLA-76 / WAVES）
EQ	20Hz（ローカット）
	60Hz：＋5dB（ピーク）
	200Hz：−6dB（ピーク）
	4.1kHz：＋6dB（ピーク）
コンプレッサー	タイプ：FET
	レシオ：8：1
	アタック：2（目盛値）／8.5ms（参考値）
	リリース：5（目盛値）／163ms（参考値）
	ゲインリダクションの目安：−5dB

ソース別サウンドメイキングの実例

■EQ

　汎用パラメトリックEQを使用。60Hz付近のブーストを5dB弱程度に抑えておき、高域はやや低めのアタック感を担っている4.1kHz付近を6dBほどブーストして、中域寄りのコンパクトな印象をねらっています。

■コンプレッサー

　1176系のFETタイプを使用。余韻をしっかり抑えるためにレシオを8：1に設定。アタックは重めのキックと同じ2（目盛値）ですが、リリースは5（目盛値）としてあります。こうすることで、すっきりとした余韻を得るわけです。ゲインリダクションはやや少なめの−5dB程度になるようにインプットを調整します。

リズムマシンのキック　（FILE82：ドライ／ FILE83：ウェット）	
ルーティング	EQ（frequency / Cubase Pro）　→
	コンプレッサー（CLA-76 / WAVES）
EQ	50Hz：−1.5dB（ピーク）
	400Hz：−8dB（ピーク）
	1.4kHz：＋3dB（ピーク）
コンプレッサー	タイプ：FET
	レシオ：4：1
	アタック：4（目盛値）／8ms（参考値）
	リリース：6（目盛値）／100ms（参考値）
	ゲインリダクションの目安：−4dB

■EQ

　汎用パラメトリックEQを使用。ややブーミーな50Hz付近を1.5dB程度カット

し、アタック成分のある1.4kHz付近を3dB程度ブーストしています。400Hz付近をやや多めに8dBほどカットすると、さらに輪郭がくっきりするはずです。

■コンプレッサー

1176系のFETタイプを使用。アタックは4（目盛値）、リリースは6（目盛値）として、アタックを強調しながら若干余韻の伸びを出しています。ゲインリダクションは−4dB程度にとどめて、あまり重くなりすぎないようにするのがコツです。

重めのスネア　（FILE 84：ドライ／FILE 85：ウェット）	
ルーティング	EQ（frequency / Cubase Pro）　→
	コンプレッサー（CLA-76 / WAVES）
EQ	140Hz（ローカット）
	200Hz：＋7.5dB（ピーク）
	500Hz：−6dB（ピーク）
	5kHz：＋6.5dB（ハイシェルフ）
コンプレッサー	タイプ：FET
	レシオ：ブリティッシュモード
	アタック：6（目盛値）／6ms（参考値）
	リリース：3（目盛値）／104ms（参考値）
	ゲインリダクションの目安：−7dB

■EQ

汎用パラメトリックEQを使用。140Hz以下をローカットし、メインの胴鳴りのピークがある200Hz付近を7.5dBほどブーストして重さを出します。また500Hz付近を6dBほどカット、5kHz付近からハイシェルフで6.5dBほどブーストしています。

■コンプレッサー

　1176系のFETタイプを使用。レシオはブリティッシュモード（ボタン全押し）にし、強烈なパンチとサチュレーション効果をねらいました。アタックを6（目盛値）、リリースを3（目盛値）程度としています。ゲインリダクションは−7dB程度となるようにインプットを調整してあります。

軽めのスネア　（FILE 86：ドライ／FILE 87：ウェット）	
ルーティング	EQ（frequency / Cubase Pro）　→
	コンプレッサー（CLA-76 / WAVES）
EQ	140Hz（ローカット）
	200Hz：−3dB（ピーク）
	500Hz：−4dB（ピーク）
	2.5kHz：＋3dB（ピーク）
	4kHz：＋3dB（ハイシェルフ）
コンプレッサー	タイプ：FET
	レシオ：8：1
	アタック：3（目盛値）／5ms（参考値）
	リリース：5.5（目盛値）／300ms（参考値）
	ゲインリダクションの目安：−6dB

■EQ

　汎用パラメトリックEQを使用。ローカットについては重めのスネアと同様ですが、胴鳴りのピークとなる200Hz付近については、3dB程度カットして軽さを出します。500Hz付近のカットも浅めで4dB程度、

　一方2.5kHz付近で、Qをやや広めに取って3dB程度ブーストし、中域寄りの色

づけを行っています。また、抜ける感じを出すために4kHz付近からハイシェルフ
で3dB程度ブーストして仕上げます。

■コンプレッサー

1176系のFETタイプを使用。レシオはやや高めの8：1、アタックは3（目盛値）、
リリースは5.5（目盛値）として、すっきりとした印象にしています。ゲインリダクショ
ンは標準の−6dB程度になるようインプットを調整しました。

リズムマシンのスネア　（FILE88：ドライ／FILE89：ウェット）	
ルーティング	EQ（frequency／Cubase Pro）　→
	コンプレッサー（CLA-76／WAVES）
EQ	100Hz（ローカット）
	180Hz：−4dB（ピーク）
	3.4kHz：＋3dB（ピーク）
コンプレッサー	タイプ：FET
	レシオ：4：1
	アタック：6（目盛値）／1.5ms（参考値）
	リリース：7（目盛値）／50ms（参考値）
	ゲインリダクションの目安：−9dB

■EQ

汎用パラメトリックEQを使用。100Hz付近までをローカットし、胴鳴りに相当
する180Hz付近も、キックとかぶってこもりやすいので4dBほどカットしました。ま
た、抜けと色づけをねらって、3.4kHz付近を3dB程度ブーストしています。

■コンプレッサー

1176系のFETタイプを使用。レシオは4：1、アタックは6（目盛値）、リリースは7（目盛値）と、どちらも速めにしてあります。その上でゲインリダクションは−9dB程度と、やや強めの設定としてあるので、適度な余韻が出ているはずです。

重めのハイハット （FILE90：ドライ／ FILE91：ウェット）	
ルーティング	EQ（frequency / Cubase Pro） →
	ディストーション（distortion / Cubase Pro）
EQ	170Hz（ローカット）
	4kHz：＋4dB（ハイシェルフ）
ディストーション	ごく少量

■EQ

汎用パラメトリックEQを使用。170Hz付近からのローカットを行いますが、減衰カーブは緩めに（dB/octの数値を小さく）しておきます。また、4kHz付近からハイシェルフで4dB程度ブーストし、ハイハット特有の高域成分を強調します。

■ディストーション

金物との組み合わせが意外かもしれませんが、軽いコンプレッション感とサチュレーションによる倍音の付加をねらってディストーションを起用しています。ただし、ここでは音割れした感じが欲しいわけではないので、効果としては若干の歪みを足す程度に留めています。

なお、歪みに伴って高域が強く出すぎる感じになる場合は、トーンのパラメーターを使って高域の出方を少し抑えるといいでしょう。

軽めのハイハット　（FILE 92：ドライ／FILE 93：ウェット）	
ルーティング	EQ（frequency / Cubase Pro）　→
	コンプレッサー（PUIGCHILD 670 / WAVES）
EQ	700Hz（ローカット）
	8kHz：＋6.5dB（ハイシェルフ）
コンプレッサー	タイプ：真空管
	インプット：0dB（最大）

■EQ

　汎用パラメトリックEQを使用。緩めの減衰カーブで700Hz付近からローカットを行い、軽さを出します。高域は8kHz付近からやや強めに6.5dB程度ブーストし、金属的な響きを引き出します。

■コンプレッサー

　Fairchild 660/670系の真空管タイプを使用。ここでは真空管回路を通すだけの、いわゆるバルブサチュレーター的な用途として用います。まずスレッショルドを0に設定し（これで圧縮効果がゼロになります）、インプットを0dB（最大）にしましょう（これでサチュレーションが最大になります）。こうすることで、ほとんどのケースで出力レベルが上昇しますから、アウトプットで適切なレベルになるように調整してください。軽い歪みで倍音が強調され、響きが明るくなります。

重めのタム　（FILE 94：ドライ／FILE 95：ウェット）	
ルーティング	EQ（frequency / Cubase Pro）　→
	コンプレッサー（VC 76 / NATIVE INSTRUMENTS）
EQ	45Hz（ローカット）

	88Hz：＋7dB（ピーク）
	4.8kHz：＋6dB（ピーク）
コンプレッサー	タイプ：FET
	レシオ：4：1
	アタック：2.5（目盛値）／8.5ms（参考値）
	リリース：7（目盛値）／10ms（参考値）
	ゲインリダクションの目安：−6dB

■EQ

　汎用パラメトリックEQを使用。ロータムの存在感を削らない程度にローカットを行い（45Hz程度）、胴鳴りの中心付近の周波数（88Hzあたり）を7dB程度ブーストしています。これでしっかりと重さが出るはずです。また、アタック成分である4.8kHz付近を6dB程度ブーストし、張りのある音を作っています。

■コンプレッサー

　1176系のFETタイプを使用。レシオは4：1、アタックはやや遅めの2.5（目盛値）、リリースは最速の7（目盛値）としています。アタック感を出しながら余韻もしっかり出すセッティングです。また、ゲインリダクションが−6dB程度になるようにインプットを調整してあります。

軽めのタム　（FILE96：ドライ／FILE97：ウェット）	
ルーティング	EQ（frequency / Cubase Pro）　→
	コンプレッサー（VC76 / NATIVE INSTRUMENTS）
EQ	45Hz（ローカット）
	60Hz：−2.5dB（ピーク）

280Hz：＋6.5dB（ピーク）

4.8kHz：＋6dB（ピーク）

コンプレッサー　タイプ：FET

レシオ：4:1

アタック：2.5（目盛値）／8.5ms（参考値）

リリース：5（目盛値）／300ms（参考値）

ゲインリダクションの目安：−5dB

■EQ

汎用パラメトリックEQを使用。ローカットの位置は重めのタムと変わりませんが、ロータムの胴鳴り部分である60Hz付近をさらに2.5dB程度カットして軽さを出しています。胴鳴りの倍音付近（280Hzあたり）は6.5dB程度ブーストし、軽いながらも存在感のある音をねらっています。高域の処理は重めのタムと同じです。

■コンプレッサー

1176系のFETタイプを使用。重めのタムと似た設定ですが、リリースを5（目盛値）にして余韻をすっきりさせ、ゲインリダクションを−5dB程度としています。

重めのオーバーヘッド　（FILE98：ドライ／FILE99：ウェット）

ルーティング　EQ（frequency / Cubase Pro）→
コンプレッサー（PUIGCHILD 670 / WAVES）

EQ　130Hz（ローカット）

1kHz：＋5dB（ピーク）

7kHz：＋5dB（ハイシェルフ）

コンプレッサー　タイプ：真空管

インプット：0dB（最大）	
TIME CONSTANT：2（アタック約200ms／リリース約800ms）	
ゲインリダクションの目安：−2〜−3dB	

■EQ

　汎用パラメトリックEQを使用。スネアの胴鳴り部分を削らない程度に130Hz付近以下をローカットし、シンバルの成分をしっかり出すためにハイシェルフで7kHz付近から5dB程度ブーストしています。また、スネアやタムの若干の色づけとして、1kHz付近を5dB程度ブーストしてもいいでしょう。

■コンプレッサー

　Fairchild 660/670系の真空管タイプを使用。インプットを0dB（最大）にし、しっかりとしたサチュレーション効果を与えることでシンバルの空気感が出てきます。アタックとリリース設定の組み合わせであるTIME CONSTANTは2を選択。スレッショルドを調整してゲインリダクションを−2〜−3dB程度に抑えます。

軽めのオーバーヘッド　（FILE100：ドライ／FILE101：ウェット）	
ルーティング	EQ（frequency / Cubase Pro）　→
	コンプレッサー（PUIGCHILD 670 / WAVES）
EQ	180Hz：−4.5dB（ピーク）
	200Hz（ローカット）
	500Hz：＋4.5dB（ピーク）
	3.3kHz：3.5dB（ピーク）
	7.3kHz：＋7dB（ハイシェルフ）
コンプレッサー	タイプ：真空管

インプット：−10dB	
TIME CONSTANT：2（アタック約200ms／リリース約800ms）	
ゲインリダクションの目安：−1〜−2dB	

■EQ

　汎用パラメトリックEQを使用。スネアの胴鳴り部分までを含む200Hz以下を大胆にカットし、併せて180Hz付近を4.5dBほど削って、さらにすっきりさせました。

　一方で500Hz付近は4.5dBほどブーストさせ、中域寄りの質感にしてあります。7.3kHz付近から上はやや強めに7dB程度ブースト。場合によっては、さらに3.3kHz付近を3.5dB程度ブーストし、高域の抜けを追加してもいいと思います。

■コンプレッサー

　Fairchild 660/670系の真空管タイプを使用。インプットを−10dBにして、重めのオーバーヘッドのときよりはサチュレーション効果を抑えました。TIME CONSTANTは2を選択。スレッショルドを調整してゲインリダクションを−1〜−2dB程度に抑え、あまり余韻が粘らないカラッとした印象を目指してあります。

重めのドラムバス （FILE102：ドライ／FILE103：ウェット）	
ルーティング	コンプレッサー（SSL G-Master Buss Compressor / WAVES）　→
	EQ（FG-N / SLATE DIGITAL）
コンプレッサー	タイプ：VCA
	レシオ：2：1
	アタック：3ms
	リリース：Auto／50ms（参考値）
	ゲインリダクションの目安：−2〜−3dB

EQ

500Hz：-2dB（ピーク）

12kHz：+2.5dB（ハイシェルフ）

■コンプレッサー

このケースでは、複数のソースのまとまり感を出していきたいため、EQの前にコンプレッサーを配置します。タイプはVCAを選択しました。レシオは2:1、アタックは3msとやや速め、リリースはAutoとし、ゲインリダクションが-2〜-3dBとなるようにスレッショルドを調整しています。

■EQ

パラメトリックEQの中でも、特に耳を頼りにざっくりとした仕上げを行いたい場合にぴったりなNEVE1073タイプを使用。全体が暗めの印象になったため、500Hz付近を2dBほどカットしつつ、12kHzより上を2.5dB程度ブーストしました。2dB前後の調節でも大きく印象が変わるのがわかると思います。

軽めのドラムバス（FILE104：ドライ／FILE105：ウェット）	
ルーティング	コンプレッサー（SSL G-Master Buss Compressor / WAVES）→
	EQ（FG-N / SLATE DIGITAL）
コンプレッサー	タイプ：VCA
	レシオ：2:1
	アタック：10ms
	リリース：0.3s
	ゲインリダクションの目安：-2〜-3dB
EQ	740Hz：-1.4dB（ピーク）
	12kHz：+1.3dB（ハイシェルフ）

● ベース

フィンガーベース （FILE106：ドライ／FILE107：ウェット）	
ルーティング	EQ（frequency / Cubase Pro）→
	コンプレッサー（CLA-3A / WAVES）
EQ	65Hz（ローカット）
	80Hz：＋4dB（ピーク）
	200Hz：－5dB（ピーク）
	4kHz（ハイカット）
コンプレッサー	タイプ：オプト（トランジスタ増幅）
	動作モード：COMPRESS
	ゲインリダクションの目安：－1～－2dB

■ EQ

汎用パラメトリックEQを使用。キックとかぶりがちな65Hz以下をバッサリとローカットする一方で、ベースの美味しい帯域である80Hz付近を軽くブーストします。

■ コンプレッサー

重めのドラムバス同様、VCAタイプを使用。レシオを2:1、アタックを10ms、リリースを0.3sとしました。ゲインリダクションは－2～－3dB程度にしておきます。特にキックの張りが出てきて全体がパキッとした印象になればOKです。

■ EQ

NEVE1073タイプのパラメトリックEQを使用。740Hz付近を1.4dBほどカットし、12kHz以上を1.3dB程度ブーストしています。中域に寄り過ぎていたサウンドを、軽くハイ寄りに振り向ける感じです。

200Hz付近はタイト感を出すために、5dBほどカットします。仕上げに暴れがちな4kHz以上をカットしておきましょう。

■コンプレッサー

オプトタイプの中では速めのアタックを持つLA-3A系のモデルを、COMPRESSモードで使用。ミキサー卓前のコンプレッサー接続によって、音の粒立ちがそろえられているケースでは、ミキシングでのゲインリダクションは−1〜−2dBとなるようにPEAK REDUCTIONを調整します。

ピックベース　（FILE108：ドライ／FILE109：ウェット）	
ルーティング	EQ（frequency / Cubase Pro）　→
	コンプレッサー（CLA-3A / WAVES）
EQ	65Hz（ローカット）
	80Hz：＋2dB（ピーク）
	600Hz：−11dB（ピーク）
	6kHz（ハイカット）
コンプレッサー	タイプ：オプト（トランジスタ増幅）
	動作モード：COMPRESS
	ゲインリダクションの目安：−1〜−2dB

■EQ

汎用パラメトリックEQを使用。65Hz以下をバッサリとローカットするのはフィンガーベースと同じですが、80Hz付近は2dB程度のブーストにとどめます。中域の600Hz付近は成分も多く、他の楽器とかぶりがちな帯域のため、11dB程度の深めのカットを行っています。サウンド的にもタイトになります。また、ピッキングノ

イズが耳障りとなる6kHz以上の帯域は、鋭角にハイカットしてかまいません。

■コンプレッサー

　フィンガーベース同様、オプトタイプの中では速めのアタックを持つLA-3A系のモデルをCOMPRESSモードで使用し、ゲインリダクションもやはり−1〜−2dBとなるようにPEAK REDUCTIONを調整しておきます。

スラップベース　（FILE 110：ドライ／FILE 111：ウェット）	
ルーティング	コンプレッサー（PUIGCHILD 670 / WAVES）　→
	ダイナミックEQ（NOVA / TOKYO DAWN RECORDS）　→
	EQ（frequency / Cubase Pro）
コンプレッサー	タイプ：真空管
	インプット：−10dB
	TIME CONSTANT：1（アタック約200ms／リリース約300ms）
	ゲインリダクションの目安：−5dB
ダイナミックEQ	3.5kHz（ピーク）
	レシオ：3：1
	Q：1
	アタック：40ms
	リリース：70ms
	ゲインリダクションの目安：−5dB
EQ	60Hz（ローカット）
	80Hz：＋4dB（ピーク）
	360Hz：＋5dB（ピーク）
	3.6kHz：−2.5dB（ピーク）

■コンプレッサー

　Fairchild 660/670系の真空管タイプを使用。TIME CONSTANTは急激な音量変化に追従できるように1を選択。インプットを−10dBに設定し、最大で−5dB程度のゲインリダクションが得られるようにスレッショルドを調整します。

■ダイナミックEQ

　TOKYO DAWN RECORDS NOVAを使用。プラッキングを抑え、サムピングとのバランスを取るため使用します。Qを比較的幅広の1に設定した上で3.5kHzをねらい、レシオを3：1、アタックを40ms、リリースを70msとし、プラッキング時に−5dB程度のカットが行われるようにスレッショルドを設定します（ここでのソースに対しては、−23dBに設定）。

■EQ

　汎用パラメトリックEQを使用。60Hz付近からバッサリとローカットし、サムピングのサウンドを押し出すために80Hz付近を軽く（4dB程度）ブーストします。プラッキングについては基音となる360Hz付近を5dBほどブーストし、暴れがちな3.6kHz付近を2.5dB程度カットすることで、鋭すぎるアタックの角を丸めます。

● アコースティックギター

ストラムギター　（FILE112：ドライ／FILE113：ウェット）	
ルーティング	EQ（frequency / Cubase Pro）　→
	ダイナミックEQ（NOVA / TOKYO DAWN RECORDS）　→
	コンプレッサー（CLA-2A / WAVES）
EQ	60Hz（ローカット）
	3.5kHz：＋6dB（ピーク）

	7.2kHz：＋4dB（ハイシェルフ）	
ダイナミックEQ	8kHz（ピーク）	
	レシオ：1.5：1	
	Q：6	
	アタック：1ms	
	リリース：40ms	
	ゲインリダクションの目安：−6dB	
コンプレッサー	タイプ：オプト（真空管増幅）	
	動作モード：COMPRESS	
	インターナルサイドチェーン：1kHz以下をローカット	
	ゲインリダクションの目安：−1〜−2dB	

■EQ

　汎用パラメトリックEQを使用。60Hz以下をローカットし、アコギ特有のきらびやかな高域倍音を際立たせるため、7.2kHz付近からハイシェルフで4dBほどブーストします。さらに、色づけのため3.5kHz付近も6dBほどブーストしてあります。

■ダイナミックEQ

　TOKYO DAWN RECORDS NOVAを使用。ピークを抑えるためにQを最大値の6に設定して8kHz付近をねらいます。アタックを1ms、リリースを40ms、レシオを1.5：1とし、スレッショルドはゲインリダクションが最大で−6dB程度になるように設定します。

■コンプレッサー

　LA-2A系のオプト（真空管増幅）タイプを使用して、ゲインリダクションが−1〜−2dB程度とになるようにPEAK REDUCTIONを調整します。

EMPHASISが装備されている場合は、1kHzより低い周波数に対しては完全にコンプレッションが行われないように設定しておくといいでしょう。

フィンガーピッキングギター　（FILE114：ドライ／FILE115：ウェット）	
ルーティング	EQ（frequency / Cubase Pro）　→
	コンプレッサー1（CLA-2A / WAVES）　→
	コンプレッサー2（CLA-76 / WAVES）
EQ	90Hz（ローカット）
コンプレッサー1	タイプ：オプト（真空管増幅）
	動作モード：COMPRESS
	インターナルサイドチェーン：1kHz以下をローカット
	ゲインリダクションの目安：−2〜−3dB
コンプレッサー2	タイプ：FET
	レシオ：4：1
	アタック：4（目盛値）／6ms（参考値）
	リリース：5（目盛値）／100ms（参考値）
	ゲインリダクションの目安：−4dB

■EQ

汎用パラメトリックEQを使用。90Hz以下をローカットするのみの設定です。

■コンプレッサー1

LA-2A系のオプト（真空管増幅）タイプを使用して、ゲインリダクションが−2〜−3dBになるようにPEAK REDUCTIONを調整します。またEMPHASISが用意されている場合は、1kHz以下の帯域が圧縮対象外になるように設定します。

■コンプレッサー2

1176系のFETタイプを使用。レシオを4：1、アタックを4（目盛値）、リリースを5（目盛値）とし、ゲインリダクションが−4dB程度になるようにインプットのレベルを調整します。

アコースティックピアノ

弾き語り伴奏ピアノ （FILE116：ドライ／FILE117：ウェット）	
ルーティング	EQ（frequency / Cubase Pro）　→
	コンプレッサー（PUIGCHILD 670 / WAVES）
EQ	80Hz（ローカット）
	330Hz：−5dB（ピーク）
	1.6kHz：＋3.5dB（ハイシェルフ）
	1.63kHz：−6dB（ピーク）
コンプレッサー	タイプ：真空管
	インプット：−8dB
	TIME CONSTANT：4（アタック約800ms／リリース約5s）
	ゲインリダクションの目安：−1〜−2dB

■EQ

汎用パラメトリックEQを使用。不要な80Hz以下をローカットし、ややブライトなサウンドを目指して330Hz付近を5dBほどカット。ハイシェルフで1.6kHzから上を3.5dBブーストしています。なお、ピアノでは共鳴音がたまって不要なピークが発現することがあるため、そのようなときは問題の周波数をていねいに探し出してピンポイントで抑える必要があります。ここでのソースの場合は、Qを最大値に設定した上で、1.63kHzを6dBほどカットしました。

■コンプレッサー

Fairchild 660/670系の真空管タイプを使用。バルブサチュレーションの付加をねらってみました。そのためインプットをやや上げ目の−8dBに設定しつつ、スレッショルドを抑えて、−1〜−2dB程度のわずかなゲインリダクションになるよう調整してあります。また、TIME CONSTANTは遅めの4を選択し、自然なかかり方が得られるようにしました。

バッキングピアノ　（FILE118：ドライ／FILE119：ウェット）

ルーティング	EQ（frequency / Cubase Pro）　→　コンプレッサー（VC76 / NATIVE INSTRUMENTS）
EQ	165Hz（ローカット）
	660Hz：−5dB（ピーク）
	1.8kHz：＋5dB（ハイシェルフ）
コンプレッサー	タイプ：FET
	レシオ：8:1
	アタック：1（目盛値）　16.5ms（参考値）
	リリース：7（目盛値）　50ms（参考値）
	ゲインリダクションの目安：−3〜−4dB

■EQ

汎用パラメトリックEQを使用。軽やかさを出すために165Hz付近までローカットします。減衰カーブは12dB/octくらいの緩やかなものを選んでいます。さらに、ブライトかつ、くっきりとした輪郭をねらって660Hz付近を5dBほどカット、1.8kHz付近からはハイシェルフで5dBほどブーストしています。

■コンプレッサー

　1176系のFETタイプを使用。レシオは高めの8：1、アタックは1（目盛値）、リリースは7（目盛値）とし、アタック感を残しつつサスティンが平坦に伸びるようにします。インプットは−3〜−4dB程度のゲインリダクションになるように調整します。

 エレクトリックピアノ

弾き語り伴奏エレピ　（FILE 120：ドライ／FILE 121：ウェット）	
ルーティング	EQ（frequency / Cubase Pro）　→
	コンプレッサー（CLA-2A / WAVES）
EQ	90Hz（ローカット）
	900Hz：−6dB（ピーク）
	3.2kHz：＋5dB（ピーク）
コンプレッサー	タイプ：オプト（真空管増幅）
	動作モード：COMPRESS
	インターナルサイドチェーン：1kHz以下をローカット
	ゲインリダクションの目安：−3〜−5dB

■EQ

　汎用パラメトリックEQを使用。90Hz以下をローカットし、中域の張り出しを抑えるために900Hz付近も6dBほどカットします。また、エレピ特有の歪み感を出すため3.2kHz付近を5dBほどブーストしています。

■コンプレッサー

　LA-2A系のオプト（真空管増幅）タイプを使用。PEAK REDUCTIONを調節し、ゲインリダクションが−3〜−5dBの間を行き来するようにします。

　EMPHASISが用意されている場合は、1kHz以下の帯域を圧縮の対象から除外するように設定しましょう。こうすることで、左手のベース弾きと右手のコード弾きのレベルバランスがさらに向上します。

バッキングエレピ　（FILE122：ドライ／FILE123：ウェット）	
ルーティング	EQ（frequency / Cubase Pro）　→
	コンプレッサー1（White 2A / IK MULTIMEDIA）　→
	コンプレッサー2（VC76 / NATIVE INSTRUMENTS）
EQ	130Hz（ローカット）
	480Hz：－4dB（ピーク）
	1.8kHz：＋4dB（ピーク）
コンプレッサー1	タイプ：オプト（真空管増幅）
	動作モード：COMPRESS
	ゲインリダクションの目安：4dB
コンプレッサー2	タイプ：FET
	レシオ：8：1
	アタック：1.5（目盛値）　13ms（参考値）
	リリース：6.7（目盛値）　85ms（参考値）
	ゲインリダクションの目安：－5dB

■EQ

　汎用パラメトリックEQを使用。130Hz以下をローカットします。480Hz付近を4dBほどカットしてシャッキリとさせ、一方で1.8kHz付近は4dBほどブーストしてバッキングにマッチする硬質な感じを出します。

■コンプレッサー1

LA-2A系のオプト(真空管増幅)タイプを使用。PEAK REDUCTIONを調節して4dBほどのゲインリダクションを与え、ダイナミクスの暴れを落ち着かせます。

■コンプレッサー2

1176系のFETタイプを使用。レシオは8:1、アタックは1.5(目盛値)、リリースは6.7(目盛値)程度とし、カッチリ感を出します。また、インプットを調整して、−5dB程度のゲインリダクションが得られるようにします。

 ## ストリングスセクション

ストリングスセクション 　（FILE124：ドライ／FILE125：ウェット）	
ルーティング	EQ(frequency / Cubase Pro)　→
	サチュレーター(Saturation Knob / Softube)
EQ	120Hz(ローカット)
	1kHz：−3dB(ピーク)
	4.9kHz：＋4dB(ハイシェルフ)
サチュレーター	サチュレーションレベル：6(目盛値)

■EQ

汎用パラメトリックEQを使用。ポップ系の上物用ストリングスセクションで使用することを前提に120Hz以下をローカットし、1kHz付近も3dBほどカット。4.9kHz付近からハイシェルフで4dBほどブーストしています。

ドライのファイルと較べると、これだけでずいぶんサウンドの抜け感が向上したのがわかると思います。

ソース別サウンドメイキングの実例

■サチュレーター

特有の美しい倍音を際立たせるためにSoftube **Saturation Knob**をNEUTRALモードで使用。サチュレーションレベルは6（目盛値）ほどで十分でしょう。

ブラスセクション

ブラスセクション （FILE126：ドライ／FILE127：ウェット）	
ルーティング	EQ（frequency / Cubase Pro）　→
	コンプレッサー（PUIGCHILD 670 / WAVES）
EQ	90Hz（ローカット）
	1kHz：−3dB（ピーク）
	3.7kHz：＋3.5dB（ハイシェルフ）
	3kHz：−6dB（ピーク）
コンプレッサー	タイプ：真空管
	インプット：−9dB
	TIME CONSTANT：2（アタック約200ms／リリース約800ms）
	ゲインリダクションの目安：−6dB

■EQ

汎用パラメトリックEQを使用。まず90Hz以下をローカットします。次に1kHz付近を3dBほどカットしつつ、3.7kHz付近からハイシェルフで3.5dBほどブーストしています。また、ホーン特有の共鳴による不要なピークを探し、ここでのソースについてはQを最大値に設定（最も狭く）した上で、3kHzを6dBほどカットしました。

■コンプレッサー

Fairchild 660/670系の真空管タイプを使用して、バルブサチュレーションの

付加効果をねらいます。インプットをやや高めの−9dBに設定しつつ、−6dB程度のゲインリダクションが得られるようにスレッショルドを調整しましょう。また、TIME CONSTANTは2を選択しました。音量差のあるフレーズをしっかり拾って全体が前に出てくる印象になるはずです。

⬤ ボーカル

男声メインボーカル （FILE 128：ドライ／ FILE 129：ウェット）	
ルーティング	EQ1（frequency / Cubase Pro） →
	コンプレッサー1（White 2A / IK MULTIMEDIA） →
	コンプレッサー2（CLA-76 / WAVES） →
	EQ2（FG-N / SLATE DIGITAL） →
	ディエッサー（deesser / Cubase Pro）
EQ1	115Hz（ローカット）
	1.8kHz：−6dB（ピーク）
	3.7kHz：−6dB（ピーク）
コンプレッサー1	タイプ：オプト（真空管増幅）
	動作モード：COMPRESS
	ゲインリダクションの目安：−2〜−3dB
コンプレッサー2	タイプ：FET
	レシオ：4：1
	アタック：1（目盛値）／20ms（参考値）
	リリース：5.5（目盛値）／200ms（参考値）
	ゲインリダクションの目安：−6dB
EQ2	220Hz：＋3dB（ローシェルフ）
	3.2kHz：＋2dB（ピーク）

12kHz：＋2.2dB（ハイシェルフ）		
ディエッサー	対象周波数範囲：7.8〜13kHz	

■EQ1

　汎用パラメトリックEQを使用。まずは115Hz以下（基音よりも低い部分）をローカットします。次に、高域を中心に、耳障りなピークを探し出し、ここでのソースについてはQを最大値に設定（最も狭く）した上で、1.8kHz付近と3.7kHz付近を6dBほどカットしました。

■コンプレッサー1

　LA-2A系のオプト（真空管増幅）タイプを使用。−2〜−3dBのゲインリダクションを目安にしてPEAK REDUCTIONを調整し、大まかにダイナミクスを整えます。

■コンプレッサー2

　1176系のFETタイプを使用。レシオは4:1、アタックは1（目盛値）、リリースは5.5（目盛値）とし、−6dBのゲインリダクションが得られるようにインプットを調整します。

■EQ2

　NEVE1073タイプのパラメトリックEQを使用。温かみを加えるためローシェルフで220Hz以下を3dB程度、抜けの成分である3.2kHzを2dB程度、空気感や距離感を左右する12kHz以上をハイシェルフで2.2dB程度ブーストしています。

■ディエッサー

　ここでのソースに対しては7.8〜13kHzの範囲をターゲットとし、歯擦音以外にはなるべく反応しないようにスレッショルドレベルやリリースを調整しています。

　スレッショルドレベルをあまり下げず、常時ディエッシング効果が強くかかるのを避けながら、リダクション量を多めに設定すると、自然な仕上がりになるケースが多いと思います。

男声バックコーラス　（FILE130：ドライ／FILE131：ウェット）	
ルーティング	EQ1（frequency / Cubase Pro）　→
	コンプレッサー1（White 2A / IK MULTIMEDIA）　→
	コンプレッサー2（CLA-76 / WAVES）　→
	EQ2（FG-N / SLATE DIGITAL）　→
	ディエッサー（deesser / Cubase Pro）
EQ1	250Hz（ローカット）
	1.8kHz：−6dB（ピーク）
	3.7kHz：−6dB（ピーク）
コンプレッサー1	タイプ：オプト（真空管増幅）
	動作モード：COMPRESS
	ゲインリダクションの目安：−2〜−3dB
コンプレッサー2	タイプ：FET
	レシオ：8：1
	アタック：2（目盛値）／11ms(参考値)
	リリース：7（目盛値）／10ms(参考値)
	ゲインリダクションの目安：−8dB
EQ2	220Hz：−2dB（ローシェルフ）
	12kHz：−3dB（ハイシェルフ）
ディエッサー	対象周波数範囲：7.8〜13kHz

■EQ1

汎用パラメトリックEQを使用。メインボーカルより深めに250Hz以下をローカットして、軽さを出します。他の設定はメインボーカルと同様です。

■コンプレッサー1

LA-2A系のオプト（真空管増幅）タイプを使用。すべて男声メインボーカルと同じ設定です。

■コンプレッサー2

1176系のFETタイプを使用。コーラスらしい安定感を出すとともに主張を抑えるため、レシオを8：1、アタックを2（目盛値）、リリースを7（目盛値）とし、−8dB程度のゲインリダクションが得られるようにインプットを調整します。

■EQ2

NEVE1073タイプのパラメトリックEQを使用。ローシェルフで220Hz以下を2dB程度カットして、サウンドにさらなる軽さを与えます。さらに、一歩引いた印象にするため、ハイシェルフで12kHz以上を3dB程度カットします。

■ディエッサー

ここでのソースに対してはメインボーカルと同様の設定を行っています。

女声メインボーカル （FILE132：ドライ／FILE133：ウェット）		
ルーティング	EQ1（frequency / Cubase Pro）　→	
	コンプレッサー1（White 2A / IK MULTIMEDIA）　→	
	コンプレッサー2（CLA-76 / WAVES）　→	

	EQ2（FG-N / SLATE DIGITAL） →
	ディエッサー（deesser / Cubase Pro）
EQ1	140Hz（ローカット）
	2.3kHz：−6dB（ピーク）
	2.9kHz：−6dB（ピーク）
コンプレッサー1	タイプ：オプト（真空管増幅）
	動作モード：COMPRESS
	ゲインリダクションの目安：−2〜−3dB
コンプレッサー2	タイプ：FET
	レシオ：4：1
	アタック：1（目盛値）／20ms（参考値）
	リリース：4.5（目盛値）／400ms（参考値）
	ゲインリダクションの目安：−4dB
EQ2	220Hz：＋2dB（ローシェルフ）
	7.2kHz：＋5dB（ピーク）
	12kHz：＋1dB（ハイシェルフ）
ディエッサー	対象周波数範囲：9.5〜15.5kHz

■EQ1

　汎用パラメトリックEQを使用。まずは140Hz以下（基音よりも低い部分）をローカットします。さらに今回のソースに対しては、2.3kHz付近と2.9kHz付近をQを最大値に設定した上で6dBほどカットすることで、耳障りなピークを排除しました。

■コンプレッサー1

　LA-2A系のオプト（真空管増幅）タイプを使用。−2〜−3dBのゲインリダクションを目安としてPEAK REDUCTIONを設定し、大まかにダイナミクスを整えます。

ソース別サウンドメイキングの実例

■コンプレッサー2

　1176系のFETタイプを使用。レシオを4：1、アタックを1（目盛値）、リリースを4.5（目盛値）程度とし、−4dB程度のゲインリダクションが得られるようにインプットを調整。ソースがバラード調ということもあり、ナチュラルさを大事にした設定になっています。

■EQ2

　NEVE1073タイプのパラメトリックEQを使用。ローシェルフで220Hz以下を2dB、色づけのため7.2kHz付近を若干多めに5dB、空気感や距離感を左右する12kHz以上をハイシェルフで1dB程度、それぞれブーストしています。

■ディエッサー

　ここでのソースに対しては9.5〜15.5kHzの範囲をターゲットとしていますが、ソースの声質によってかなり設定が変わりますので、リダクションの反応を見ながら注意深く歯擦音のポイントを探すようにしてください。

女声バックコーラス　（FILE134：ドライ／FILE135：ウェット）	
ルーティング	EQ1（frequency / Cubase Pro）　→
	コンプレッサー1（White 2A / IK MULTIMEDIA）　→
	コンプレッサー2（CLA-76 / WAVES）　→
	EQ2（FG-N / SLATE DIGITAL）　→
	ディエッサー（deesser / Cubase Pro）
EQ1	360Hz（ローカット）
	2.3kHz：−6dB（ピーク）
	2.9kHz：−6dB（ピーク）

コンプレッサー1	タイプ：オプト（真空管増幅）
	動作モード：COMPRESS
	ゲインリダクションの目安：−2〜−3dB
コンプレッサー2	タイプ：FET
	レシオ：8：1
	アタック：2（目盛値）／11ms（参考値）
	リリース：7（目盛値）／10ms（参考値）
	ゲインリダクションの目安：−5dB
EQ2	220Hz：−5.7dB（ローシェルフ）
	7.2kHz：＋5dB（ピーク）
	12kHz：−3dB（ハイシェルフ）
ディエッサー	対象周波数範囲：9.5〜15.5kHz

■EQ1

　汎用パラメトリックEQを使用。メインボーカルより深めに360Hz以下をローカットして、軽さを出します。他の設定は女性メインボーカルと同様です。

■コンプレッサー1

　LA-2A系のオプト（真空管増幅）タイプを使用。すべて男声メインボーカルと同じ設定です。

■コンプレッサー2

　1176系のFETタイプを使用。コーラスらしい安定感を出すとともに主張を抑えるため、レシオを8：1、アタックを2（目盛値）、リリースを7（目盛値）としました。また、−5dB程度のゲインリダクションが得られるようにインプットを調整します。

■EQ2

　NEVE1073タイプのパラメトリックEQを使用。ローシェルフで220Hz以下を5.7dBと多めにカットしてサウンドに軽さを与え、ハイシェルフで12kHz以上を3dB程度カットすることで、一歩引いた印象となるようにしています。

■ディエッサー

　ここでのソースに対してはメインボーカルと同様の設定を行っています。

MIXING THEORY

ミキシングの基礎
サウンドメイキングの基礎
サウンドメイキングの実際

ミキシングの実際

マスタリングの基礎
マスタリングの実際
APPENDIX

MASTERING THEORY

Theory 10 マルチトラックファイルでミキシングにトライ

　ここからは付録のマルチトラックファイルを使って、実際のミキシングを体験してみることにします。用意したのはアップテンポのノリと迫力が肝要なタイプの楽曲です。トラック構成としては、バンドスタイルの楽器編成にシンセやストリングスなどの上物を加えた、ポップミュージックではよく見られるものになっています。

　最初に、自分のDAW上に、テンポを170BPM、拍子を4/4に設定した新規プロジェクトを作成してください。次に、トラックシートに従って、プレーンな状態のオーディオファイル（ファイル名の最後にPが付いています）を左ぞろえで配置。各トラックのトラックフェーダーを0dB、パンをセンターの位置にそろえておきます。

TRACKSHEET		
ドラムセット	Kick	モノラル
	Snare	モノラル
	Hihat	モノラル
	Toms	ステレオ
	OH（オーバーヘッド）	ステレオ
	Room	ステレオ
バストラック	Drum Bus	ステレオ
ループ	Loop	モノラル
ベース	Bass	モノラル
ギター	Guitar 1	モノラル
	Guitar 2	モノラル
リードギター	Lead	モノラル
ピアノ	Piano	モノラル

シンセパッド	Pad	ステレオ
ストリングス	Strings	ステレオ
ボーカル	Main	モノラル
	Female_Cho	モノラル
	Male_Cho	モノラル
センドトラック1	Hall Rev	ステレオ

　この状態から、しっかりとドラムのパンチを出しながら、上下左右を幅広く使ったハイファイなサウンドとし、かつ歌ものとしてボーカルをしっかり聴かせるものに仕上げていくのが、ミキシング作業上のポイントになります。何はともあれ、まずは、このマルチトラックファイルで自分なりのミキシングを行ってみましょう。

　それが終わったら、筆者の行ったミキシング例との相違点を洗い出します。ここでは筆者が行ったミキシング操作の内容がわかるようにトラックごとにパラメーターの値を記載しており、さらにリファレンス用として、トラックに対するミキシング操作後のオーディオファイル（ファイル名の最後にMが付いています）も用意しましたので、これらを参照しながら自分のミキシングとの違いを感じ取り、良いと思ったものを取り入れていくようにしてください。二度手間のように思えますが、いきなり答えを求めるのではなく、試行錯誤のプロセスを経ることが耳を鍛え、結局はミキシング上達の早道となるでしょう。

● ドラムバスとセンドトラックの作成とルーティング

　今回のミキシング作業は、ドラムセットの各打楽器音をまとめるためのステレオバストラック（DrumBus）と、トラックに共通する残響空間を作るためのステレオセンドトラック（Hall Rev）を用意するところから始めました。どちらもトラックフェーダーは0dBの位置に設定しておきます。

　また、Hall Revトラックには、明るい響きの、容積としては小規模な、1〜2秒の長さを持つホールリバーブ（作例ではCubase Proにバンドルされている**revelation**のSmall Hall Brightというプリセットをそのまま利用）をインサートし、各トラックのセンドノブ／フェーダーとの間は、ポストフェーダーセンドでルーティングしてあります。

　なお、ミキシングを進めていくに従って、最終的にはさらに3つのセンドトラック（Snare Rev、Vocal Rev、Delay）を作成することになるのですが、それらについては必要となった段階でそのつど説明を行います。

⬤ ドラムセット

Kick 　（FILE 136：Kick_P／FILE 137：Kick_M）	
ルーティング	EQ（frequency / Cubase Pro）　→
	コンプレッサー（VC 76 / NATIVE INSTRUMENTS）
EQ	20Hz（ローカット）
	60Hz：＋5dB（ピーク）
	146Hz：−6dB（ピーク）
	3.9kHz：＋7dB（ピーク）
コンプレッサー	タイプ：FET
	レシオ：4：1
	アタック：2（目盛値）／8.5ms（参考値）
	リリース：6.5（目盛値）／120ms（参考値）
	ゲインリダクションの目安：−8dB
トラック	フェーダー：0dB
	パン：センター（0）

■EQ

　汎用パラメトリックEQを使用。20Hz以下をローカットし、キックを太く聴かせるため60Hz付近を5dBほどブースト。また、ベースとの帯域的なかぶりを避けるため一緒にモニターしながらポイントを探し、146Hz付近を6dBカットすることにしました。さらにキックのタイト感を出すために、高域からアタック感を担っているポイントを探し、このソースについては3.9kHz付近を7dBほどブーストしています。

■コンプレッサー

　1176系のFETタイプを使用。レシオを4：1、アタックを2（目盛値）、リリースを6.5（目盛値）にしています。インプットをゲインリダクションが−8dB程度になるように設定後、バイパス時と音量差が出ないようにアウトプットを調整しておきます。

■トラック

　トラックフェーダーは0dBのままとし、パンはセンター。センドは使用しません。

Snare　（FILE138：Snare_P／FILE139：Snare_M）	
ルーティング	EQ（frequency / Cubase Pro）　→
	コンプレッサー（CLA-76 / WAVES）　→
	エキサイター（La Petite Excite / Fine Cut Bodies）　→
	サチュレーター（Tube Saturator Vintage / Wave Arts）
EQ	160Hz（ローカット）
	240Hz：＋4.8dB（ピーク）
	5.3kHz：＋5.4dB（ピーク）
	9.1kHz：＋4.2dB（ハイシェルフ）
コンプレッサー	タイプ：FET

	レシオ：ブリティッシュモード
	アタック：3（目盛値）／4.5ms（参考値）
	リリース：3.6（目盛値）／158ms（参考値）
	ゲインリダクションの目安：−10dB
エキサイター	Low：0
	High：＋1.2dB
サチュレーター	DRIVE：5.2
	EQ：オン
	TREBLE：＋4dB
	FAT：オン
	OUTPUT：−3dB
トラック	フェーダー：0dB
	パン：センター（0）
	センド（Snare Rev）：−15.3dB／センドパン：センター（0）

■EQ

汎用パラメトリックEQを使用。160Hz以下をローカットし、そのすぐ上にある240Hz付近の胴鳴り成分を4.8dBブーストしています。キャラクター付けとしては5.3kHz付近を5.4dBブースト。さらにもうひと抜け欲しかったため、9.1kHz付近からハイシェルフで4.2dB持ち上げています。

■コンプレッサー

1176系のFETタイプを使用。レシオはブリティッシュモード（ボタン全押し）にし、この場合は内部構造的にアタックとリリースがかなり速くなってしまうので、それを緩和させるためにアタックを3（目盛値）、リリースを3.6（目盛値）と、遅めの設定にしてあります。インプットは、突っ込み加減を増やして−10dB程度のゲイ

ンリダクションが得られるものとし、アウトプットはクローズドリムショットの音量がバイパス時よりも少し大きくなる程度まで持ち上げました。

■エキサイター

Fine Cut BodiesのLa Petite Exciteというフリーウェアを使用（このプラグインはAAXに対応していないため、ProTools SoftwareユーザーはFILE137：Snare_Mのサウンドを参照しながらAIR Enhancerに置き換えて設定してください）。高域の張りが欲しかったため、HIGHを1.2dBほど上げています。

■サチュレーター

このケースではサウンドにもう少し存在感が欲しかったため、サチュレーターを援用することにしました。Wave ArtsのTube Saturator Vintageというフリーウェアを使用し、DRIVEを歪まない程度の5.2、EQをオンにした上でTREBLEを4dBブースト。サチュレーションの発生を増強するFATパラメーターもオンにしています。なお上記のパラメーター設定後にレベルが大きくなりすぎたため、OUTPUTを−3dBに設定して出力を抑えました。倍音増加の副次的な効果として、クローズドリムショットがさらに聴き取りやすくなっているのがわかると思います。

■トラック

トラックフェーダーは0dBのままとし、パンはセンター。

少し艶を出したかったため、追加でスネア専用のステレオセンドトラック（Snare Rev）を作成し、低域をローカットするように設定した2秒ほどの長さを持つプレートリバーブをインサートしました（作例ではCubase ProにバンドルされているreverenceのPlate at 2secというプリセットを103Hzのローカット設定で利用）。Snare Revのトラックフェーダーは0dBの位置で、センドレベルは−15.3dB（ポストフェーダー）、センドパンはセンターです。

Hihat （FILE140：Hihat_P／FILE141：Hihat_M）	
ルーティング	EQ（frequency / Cubase Pro） →
	コンプレッサー（compressor / Cubase Pro）
EQ	800Hz（ローカット）
	6.3kHz：＋5.6dB（ハイシェルフ）
コンプレッサー	タイプ：汎用デジタル
	スレッショルド：−24.4dB
	レシオ：8：1（ハードニー）
	アタック：10ms
	リリース：300ms
トラック	フェーダー：−0.85dB
	パン：L40/100（−26/64）

■EQ

　汎用パラメトリックEQを使用。800Hz以下は他の楽器とかぶるため不要と判断し、ローカットしています。その一方で、鳴りを鮮明にするため6.3kHzから上をハイシェルフで5.6dBブーストしました。

■コンプレッサー

　DAWにバンドルされる標準的な汎用タイプを使用。ハイハットはコンプレッサーをかけない（使ったとしても圧縮回路は通さない）ことが多いのですが、このソースでは一部のオープンハイハットに突出感があったため、スレッショルドを−24.4dBに設定して、そこだけにコンプレッションがかかるようにしました。レシオは8：1で、ニーはハード。アタックを10ms、リリースを300msとし、ゲインリダクションの分をアウトプットで持ち上げるメイクアップはしていません。利用法としてはリミッター的な扱いと言えるでしょう。

■トラック

トラックフェーダーを−0.85dBまで下げ、パンはL40。センドは使用しません。

Toms　（FILE142：Toms_P／FILE143：Toms_M）	
ルーティング	EQ（frequency / Cubase Pro）　→
	コンプレッサー（CLA-76 / WAVES）
EQ	40Hz（ローカット）
	165Hz：＋5dB（ローシェルフ）
	6.4kHz：＋10dB（ピーク）
コンプレッサー	タイプ：FET
	レシオ：4：1
	アタック：1.5（目盛値）／10ms（参考値）
	リリース：6.2（目盛値）／100ms（参考値）
	ゲインリダクションの目安：−6dB
トラック	フェーダー：0dB
	パン：センター（0）

■EQ

　汎用パラメトリックEQを使用。40Hz以下をローカットしつつ、胴鳴り成分をねらって165Hz以下をローシェルフで5dBブースト。Qは0.5としてやや広めにします。また、アタックの皮鳴りの成分を探し、6.4kHz付近を10dBブーストしました。

■コンプレッサー

　1176系のFETタイプを使用。レシオは4：1、アタックは1.5（目盛値）、リリースは6.2（目盛値）とします。

インプットは−6dB程度のゲインリダクションが得られるように調整。ほどよい余韻が得られ、タムのピッチがわかりやすくなればOKです。

■トラック

トラックフェーダーは0dBのままとし、パンはステレオソース内の定位を生かしたかったのでセンターに設定。センドは使用しません。

OH（オーバーヘッド）（FILE144：OH_P／FILE145：OH_M）	
ルーティング	EQ（frequency / Cubase Pro）　→
	コンプレッサー（PUIGCHILD 670 / WAVES）
EQ	185Hz（ローカット）
	6kHz：＋5.8dB（ハイシェルフ）
コンプレッサー	タイプ：真空管
	インプット：0dB
	TIME CONSTANT：2（アタック約200ms／リリース約800ms）
	ゲインリダクションの目安：−2〜−5dB
トラック	フェーダー：−0.95dB
	パン：センター（0）

■EQ

汎用パラメトリックEQを使用。キックの低域成分はほぼ不要なので、185Hz付近から緩やか（12dB/oct程度）にローカットします。

一方、金物の高域の伸びを良くして天井を高く聴かせるため、6kHzから上をハイシェルフで5.8dBブーストします。

■コンプレッサー

　Fairchild 660/670系の真空管タイプを使用して、バルブサチュレーション効果で高域の空気感を増やします。特にここではサビのライドシンバルに着目し、自然な余韻と存在感が出るようにTIME CONSTANTには2を選択しました。インプットをバルブサチュレーションが最大となる0dBに設定後、−2〜−5dBのゲインリダクションに収まるようにスレッショルドを調整します。

■トラック

　ややレベルが大きく感じたので、トラックフェーダーは−0.95dBまで下げました。パンはステレオソース内の定位を生かしたかったのでセンターのままにしておきます。センドは使用しません。

Room　（FILE146：Room_P／FILE147：Room_M)	
ルーティング	EQ（frequency / Cubase Pro）　→
	コンプレッサー（PUIGCHILD 670 / WAVES)
EQ	45Hz（ローカット)
	230Hz：−2.7dB（ピーク)
	540Hz：+3.2dB（ピーク)
	9.1kHz：5dB（ピーク)
コンプレッサー	タイプ：真空管
	インプット：−10dB
	TIME CONSTANT：1（アタック約200ms／リリース約300ms)
	ゲインリダクションの目安：−3〜−7dB
トラック	フェーダー：+1.46dB
	パン：センター（0)

■EQ

　汎用パラメトリックEQを使用。帯域を満遍なく使い、キックの成分もしっかり入る45Hzまでを残すようにローカット。次に、やや重たいスネアの胴鳴り（230Hz付近）を2.7dBカットしつつ、その倍音に相当する540Hz付近を3.2dBブーストすることで、軽めの響きとなるよう調整しています。また、ライドやスネアの抜けに貢献する帯域として、9.1kHz付近を5dBブーストしました。

■コンプレッサー

　Fairchild 660/670系の真空管タイプを使用。オーバーヘッドのトラックよりはしっかり目に圧縮をかけます。アタック感は薄まりますが、それは他のトラックにまかせ、ルームのトラックは隙間を埋めるような役割に特化させました。TIME CONSTANTは1を選択。インプットを−10dBに設定後、ゲインリダクションが−3〜−7dBに収まる感じにスレッショルドを調整します。

■トラック

　レベルは好みや曲調で自由に決めてかまいませんが、作例ではトラックフェーダーを+1.46dBまで上げました。パンはステレオソース内の定位をそのまま生かして利用できるようにセンターにしておきます。センドは使用しません。

DrumBus （FILE148：DrumBus_P／FILE149：DrumBus_M）	
ルーティング	コンプレッサー（SSL G-Master Buss Compressor / WAVES）　→
	EQ（FG-N / SLATE DIGITAL）
コンプレッサー	タイプ：VCA
	レシオ：2：1
	アタック：10ms

	リリース：0.1s
	ゲインリダクションの目安：−2〜−3dB
EQ	220Hz：＋1.5dB（ローシェルフ）
	500Hz：−2.2dB（ピーク）
	12kHz：＋2.8dB（ハイシェルフ）
トラック	フェーダー：−0.62dB
	パン：センター（0）
	センド（Hall Rev）：−18.9dB／センドパン：センター（0）

■コンプレッサー

　VCAタイプを使用。レシオを2：1、アタックを10ms、リリースを0.1sとしました。ゲインリダクションが−2〜−3dB程度に収まるようにし、全体のまとまり感が出て、サウンドにほどよくパンチが加わる仕上がりを目指します。

■EQ

　NEVE1073タイプのパラメトリックEQを使用。ローシェルフで220Hz以下を1.5dBほどブーストし、ミッドは500Hz付近を2.2dBカット。ハイシェルフで12kHz以上を2.8dBブーストして、ざっくりとドンシャリ気味の傾向に仕上げました。バイパス時と較べると、上下の広がりが出て、スッキリとしたサウンドになっています。

■トラック

　ドラムバスに対するトラックフェーダーの調整は、全トラックを仕上げてからの操作になります。結果的には−0.62dBに下げました。パンはこのトラックに信号を送ってくる各トラックの定位がそのまま生きるようにセンターのままにしておきます。また、Hall Revへのセンドレベルを−18.9dBに設定し、ドラムセット全体にごくごく薄くホールリバーブがかかるようにしています。センドパンはセンターです。

🔵 ループ

Loop （FILE150：Loop_P／FILE151：Loop_M）	
ルーティング	EQ（frequency / Cubase Pro）
EQ	190Hz（ローカット）
トラック	フェーダー：＋0.83dB
	パン：L32/100（−20/64）
	センド（Hall Rev）：−8.5dB　センドパン：センター（0）

■EQ

　汎用パラメトリックEQを使用。190Hz以下を12dB/octの緩やかな減衰カーブでローカットしています。

■トラック

　レベルがやや小さく感じたためトラックフェーダーを＋0.83dBに上げ、パンはギターとの兼ね合いからL32としています。また、Hall Revへのセンドレベルを−8.5dBに設定し、センドパンはセンターに設定しました。

🔵 ベース

Bass （FILE152：Bass_P／FILE153：Bass_M）	
ルーティング	EQ（frequency / Cubase Pro）　→
	コンプレッサー（CLA-3A / WAVES）
EQ	62Hz（ローカット）
	100Hz：＋3.5dB（ピーク）
	280Hz：−4.8dB（ピーク）
	3.5kHz（ハイカット）

コンプレッサー	タイプ：オプト（トランジスタ増幅）
	動作モード：COMPRESS
	ゲインリダクションの目安：−2〜−5dB
トラック	フェーダー：−0.48dB
	パン：センター（0）

■EQ

　汎用パラメトリックEQを使用。キックとの干渉を避けるため、キックのトラックと一緒にモニターしながら見つけたポイント（62Hz）以下を48dB/octの鋭角な減衰カーブでローカットします。同様に、メインボーカルと組み合わせてモニターしながら見つけた、ボーカルの基音にぶつかる280Hz付近は4.8dBカット。一方、ベースの美味しい帯域である100Hz前後についてはQを広め（0.5）に設定して3.5dBブーストを行います。最後に3.5kHz以上をハイカットします。

■コンプレッサー

　LA-3A系のオプト（トランジスタ増幅）タイプをCOMPRESSモードで使用。ゲインリダクションが−2〜−5dBとなるようにPEAK REDUCTIONを調整します。

■トラック

　トラックフェーダーを−0.48dBに下げ、パンはセンター。センドは使用しません。

🔵 ギター

Guitar 1　（FILE 154：Guitar 1_P／FILE 155：Guitar 1_M）	
ルーティング	EQ（frequency / Cubase Pro）　→
	コンプレッサー（CLA-3A / WAVES）

EQ	150Hz（ローカット）
	1.8kHz：−2dB（ピーク）
	4.8kHz：＋4.2dB（ピーク）
	6.8kHz（ハイカット）
コンプレッサー	タイプ：オプト（トランジスタ増幅）
	動作モード：COMPRESS
	ゲインリダクションの目安：−2〜−3dB
トラック	フェーダー：0dB
	パン：L76/100（−49/64）
	センド（Hall Rev）：−15.6dB　センドパン：L60/100（−38/64）

■EQ

　汎用パラメトリックEQを使用。不要部分として150Hz以下をローカットし、クランチサウンドらしいエッジを効かせるため1.8kHz付近を2dBカット。その上の4.8kHz付近を4.2dBブーストしています。6.8kHzより上のノイジーな成分はハイカットしました。

■コンプレッサー

　LA-3A系のオプト（トランジスタ増幅）タイプをCOMPRESSモードで使用。ゲインリダクションが−2〜−3dBとなるようにPEAK REDUCTIONを調整し、ややサスティンが伸びて、音に厚みが出る感じをねらっています。

■トラック

　トラックフェーダーは0dBのままとし、パンはL76。Hall Revへのセンドレベルを−15.6dBに設定してあります。なお、センドパンはL60に設定しました。

Guitar2 （FILE156：Guitar2_P／FILE157：Guitar2_M）	
ルーティング	EQ（frequency / Cubase Pro）
EQ	115Hz（ローカット）
	2kHz：＋6.6dB（ピーク）
トラック	フェーダー：0dB
	パン：R24/100（＋15/63）
	センド（Hall Rev）：−15.6dB　センドパン：センター（0）

■EQ

　汎用パラメトリックEQを使用。115Hz以下をローカット。ブリッジミュート演奏のピッキングのアタック感を出すため2kHz付近を6.6dBブーストしています。高域はむしろ必要なニュアンスと判断したのでハイカットは行いませんでした。

■トラック

　トラックフェーダーは0dBとし、パンはR24。Hall RevへのセンドレベルをGuitar1同様の−15.6dBに設定して奥行き感を合わせました。センドパンはセンターです。

Lead Guitar （FILE158：LeadG_P／FILE159：LeadG_M）	
ルーティング	EQ（frequency / Cubase Pro）　→
	コンプレッサー（VC76 / NATIVE INSTRUMENTS）　→
	ディレイ（mono delay / Cubase Pro）
EQ	160Hz（ローカット）
	980Hz：＋5.3dB（ピーク）
	6.6kHz（ハイカット）
コンプレッサー	タイプ：FET

	レシオ：4：1	
	アタック：1（目盛値）／15ms（参考値）	
	リリース：7（目盛値）／10ms（参考値）	
	ゲインリダクションの目安：−2〜−4dB	
ディレイ	TIME：1/8（テンポ同期170BPM）	
	FEEDBACK：50%	
	FILTER：50Hz（ローカット）　15kHz（ハイカット）	
	MIX：ウエット15%	
トラック	フェーダー：＋1.16dB	
	パン：R48／100（＋30/63）	
	センド（Hall Rev）：−15.6dB　センドパン：R36／100（＋23/63）	

■EQ

　汎用パラメトリックEQを使用。まず160Hz以下をローカット。さらに、フレージングをきちんと聴かせたいトラックのため、他のトラックとのマッチングも取れ、かつ抜けるサウンドとなる980kHz付近を5.3dBブーストしています。ノイジーな6.6kHzより上の成分はハイカットしました。

■コンプレッサー

　フレーズが細かいため、機敏に反応する1176系のFETタイプを使用。レシオは4：1で、アタックを1（目盛値）、リリースを7（目盛値）に設定し、ニュアンスを損なわずに粒がそろう結果をねらっています。−2〜−4dBのリダクションがフレーズにきちんと追従して得られるようにインプットを調整してください。

■ディレイ

　リードギターらしく艶を出し、かつミックスになじませるために、モノラルディレイ

をインサート。TIMEはテンポ同期モードで1/8、つまり8分音符間隔のディレイとし、FEEDBACKは50%、MIXはウェット成分が15%となるように設定しました。また、もたつきのないようにFILTERを使って50Hz以下をローカット。自然な収束感を得るために15kHz以上をハイカットしています。

■トラック

埋もれがちに聞こえたためトラックフェーダーを＋1.16dBに上げました。パンは、ギターを含めた他のトラックとの兼ね合いからR48に設定してあります。Guitar1、Guitar2と同じ深さのホールリバーブがかかるように、Hall Revへのセンドレベルを−15.6dBに設定してあります。この際のセンドパンはR36としました。

 ピアノ

Piano　（FILE 160：Piano_P／FILE 161：Piano_M）	
ルーティング	EQ（frequency / Cubase Pro）　→
	サチュレーター（Saturation Knob / Softube）
EQ	140Hz（ローカット）
	2.1kHz：＋2.7dB（ハイシェルフ）
サチュレーター	サチュレーションレベル：3（目盛値）
トラック	フェーダー：−2.53dB
	パン：R19/100（＋12/63）
	センド（Hall Rev）：−12.9dB／センドパン：センター（0）

■EQ

汎用パラメトリックEQを使用。ピアノの低域はベースやキックとかぶりがちなため、140Hz付近から12dB/oct程度の減衰カーブで緩やかにローカットします。

マルチトラックファイルでミキシングにトライ

　このトラックを単体で聴くと低域が抜けて聴こえるかもしれませんが、ベースと一緒に聴くとそれほどでもなく、むしろベースの輪郭がくっきりすることに気づくと思います。さらに2.1kHzからハイシェルフで2.7dBブーストし、ややブライトにしてポップピアノっぽいサウンドに仕上げました。

■サチュレーター

　コンプレッサーをかけずに、やや飽和した感じと明るさを出したかったので、Softube Saturation Knobを使用しました。全帯域に均質に効果がかかるNEUTRALモードで、サチュレーションレベルを3（目盛値）に設定しています。

■トラック

　サチュレーターで倍音を加えた結果、レベルが上がってしまったため、トラックフェーダーを−2.53dBまで下げました。パンはR19に設定してあります。また、Hall Revへのセンドレベルはギター系より大きい−12.9dBにして、それらよりも深めのホールリバーブがかかるようにし、センドパンはセンターとしました。

● シンセパッド

Pad 　（FILE162：Pad_P／FILE163：Pad_M）	
ルーティング	EQ（frequency / Cubase Pro）　→
	ステレオイメージャー（A1StereoControl / ALEX HILTON）
EQ	200Hz（ローカット）
	445Hz：−3.2dB（ピーク）
	7kHz：＋3dB（ピーク）
	9kHz：＋10dB（ハイシェルフ）
ステレオイメージャー	STEREO WIDTH：160%

トラック	フェーダー：−1.77dB
	パン：センター（0）
	センド（Hall Rev）：−6.8dB／センドパン：センター（0）

■EQ

　汎用パラメトリックEQを使用。ベースとかぶる200Hz以下をローカット、ボーカルをクリアにするため445Hz付近を3.2dBカットしています。その上で超高域にアプローチし、7kHz付近を3dBブースト。9kHzからハイシェルフで10dBブーストしました。他の楽器から浮きすぎず、かつミックス全体の天井を上げるイメージです。

■ステレオイメージャー

　他のセンター定位のトラックとの干渉を避けるため、Initのプリセットを元にしてSTEREO WIDTHのパラメーターだけを160%に広げました。

■トラック

　ステレオイメージャーで左右のステレオ幅を広げた結果、レベルが上がったため、トラックフェーダーを−1.77dBまで下げました。パンとセンドパンはセンターですが、Hall Revへのセンドレベルを−6.8dBと大きめに設定し、他のトラックよりも奥に漂うイメージとなるように配置しています。

⬤ ストリングス

Strings 　（FILE164：Strings_P／FILE165：Strings_M）	
ルーティング	EQ（frequency / Cubase Pro）　→
	サチュレーター（Tube Saturator Vintage / Wave Arts）
EQ	175Hz（ローカット）

マルチトラックファイルでミキシングにトライ

	3.6kHz：＋6.6dB（ハイシェルフ）
サチュレーター	DRIVE：6.3
	EQ：オン
	TREBLE：＋3dB
	FAT：オフ
	OUTPUT：−3.7dB
トラック	フェーダー：0dB／−3dB（55秒〜1分06秒の間）
	パン：センター（0）
	センド（Hall Rev）：−11dB／センドパン：センター（0）

■EQ

　汎用パラメトリックEQを使用。175Hz以下をローカットし、ストリングス特有の豊かな倍音を活かすため、3.6kHzからハイシェルフで6.6dBブーストしています。パッドと干渉しやすい帯域ですが、フレージングや定位による分離感はあり、超高域はそれほど混雑していないため、どちらのトラックもしっかり出して大丈夫と判断しました。

■サチュレーター

　倍音を強化し存在感を増やすため、サチュレーター（Wave Arts **Tube Saturator Vintage**）を使います。DRIVEは6.3、TREBLEを＋3dBとし、OUTPUTを3.7dBほど絞ってバイパス時との音量差の解消をはかっています。

■トラック

　サビの部分でのレベルは0dBの位置でちょうどよかったのですが、Bメロの部分（55秒〜1分06秒の間）についてはそれでは大きすぎるため、その間はフェーダーオートメーションで−3dBまで下げています。パンとセンドパンはステレオソー

ス内の定位（やや左寄り）を生かしたかったので、センターのままにしておきます。Hall Revへのセンドレベルを−11dBに設定することで得られる若干多めのホールリバーブの残響感が、ストリングスの音色にマッチします。

● ボーカル

Main （FILE166：Main_P／FILE167：Main_M）	
ルーティング	EQ1（frequency / Cubase Pro） →
	コンプレッサー1（White 2A / IK MULTIMEDIA） →
	コンプレッサー2（CLA-76 / WAVES） →
	EQ2（FG-N / SLATE DIGITAL） →
	エキサイター（La Petite Excite / Fine Cut Bodies） →
	ディエッサー（Renaissance DeEsser / WAVES） →
	ディレイ（mono delay / Cubase Pro）
EQ1	150Hz（ローカット）
	3.1kHz：−6dB（ピーク）
	3.6kHz：−6dB（ピーク）
コンプレッサー1	タイプ：オプト（真空管増幅）
	動作モード：COMPRESS
	ゲインリダクションの目安：−2〜−3dB
コンプレッサー2	タイプ：FET
	レシオ：4：1
	アタック：1（目盛値）／20ms（参考値）
	リリース：6（目盛値）／120ms（参考値）
	ゲインリダクションの目安：−6dB
EQ2	220Hz：＋1.5dB（ローシェルフ）

マルチトラックファイルでミキシングにトライ

	7.2kHz：＋3.8dB（ピーク）
	12kHz：＋3.5dB（ハイシェルフ）
エキサイター	LOW：0
	HIGH：＋1dB
ディエッサー	Mode：Split
	Freq：5,000
	Type：ハイパス
	Range：－26.0
	Thresh：－25.0
ディレイ	TIME：1/8（テンポ同期170BPM）
	FEEDBACK：25%
	FILTER：200Hz（ローカット）　5.3kHz（ハイカット）
	MIX：ウエット5%
トラック	フェーダー：0dB
	パン：センター（0）
	センド（Hall Rev）：－23.5dB／センドパン：センター（0）
	センド（Vocal Rev）：－16.8dB／センドパン：センター（0）

■EQ1

　汎用パラメトリックEQを使用。不要部分として150Hz以下をローカットし、高域の耳障りなピークになっている3.1kHzと3.6kHzを、それぞれピンポイント（Q最大）で6dBカットしています。

■コンプレッサー1

　LA-2A系のオプト（真空管増幅）タイプをCOMPRESSモードで使用。ゲインリダクションが－2〜－3dBとなるようにPEAK REDUCTIONを設定し、バイパス

時と同程度の音量感になるところまでGAINを調整します。

■コンプレッサー2

1176系のFETタイプを使用。レシオは4：1、アタックは1（目盛値）、リリースは曲のテンポを考慮し少し早めの6（目盛値）としています。−6dB程度のゲインリダクションが得られるようにインプットを調整し、ソースの音量が大きくなりすぎないようアウトプットを絞りました。

■EQ2

NEVE1073タイプのパラメトリックEQを使用。ローシェルフで220Hz以下を1.5dB、ミッドは7.2kHz付近を3.8dB、ハイシェルフで12kHz以上を3.5dB、それぞれブーストしています。オケに負けないしっかりとした抜けをつくるため、高域はやや強めのブーストになっています。

■エキサイター

もうひと抜け欲しかったため、エキサイター（Fine Cut Bodies La Petite Excite）を使用。Highを1dBほど上げています。音量感が増した分アウトプットを−0.7dBとして出力レベルを調整しています。

■ディエッサー

超高域の広範囲にわたって歯擦音が存在していたため、特定の周波数より上をディエッシングの対象に設定できるタイプのディエッサーとして、試用可能な製品版であるWAVES Renaissance DeEsserを用いました。動作モード（Mode）をSplit、中心周波数（Freq）を5000に設定し、フィルターのタイプ（Type）はハイパスを選択。なるべく歯擦音だけに反応するように調整した結果、このソースの場合はThreshを−25.0、自然な効き方になるようにRangeは−26.0としています。

マルチトラックファイルでミキシングにトライ

M I X I N G

■ディレイ

　オケになじませるためにモノラルディレイをインサートしました。TIMEはテンポ同期モードで1/8、FEEDBACKは25%、MIXはウェット成分が5%となるように設定しました。また、FILTERを使って200Hz以下をローカット、5.3kHz以上をハイカットしています。この設定からわかるように、目的はあくまでオケになじませることにあり、はっきりとディレイを感じさせるようにはしていません。

■トラック

　トラックフェーダーは0で、パンもセンターのままです。一体感を出す目的でHall Revへのセンドをセンドレベル−23.5dBで行い、センドパンはセンターとしました。

　さらにここではメインボーカル専用のステレオセンドトラック（Vocal Rev）を作成し、2秒ほどの長さを持つビンテージ（EMT140）系のプレートリバーブをインサートしました（作例ではCubase Proにバンドルされている**reverence**のPlate Hall Timeという4秒ほどの残響時間を持つプリセットを、TIME SCALING＝50%（2秒）、SIZE＝80%に設定して使用）。リバーブのプリセット選択や値の調整は、声との相性、楽曲のテンポなどさまざまな要素を加味する必要がありますが、作例はアップテンポの曲ということで、あまり残響を強く出さず、声に透明感を付加するリバーブを目指しています。Vocal Revのトラックフェーダーは0dBの位置で、センドレベルは−16.8dB（ポストフェーダー）、センドパンはセンターです。

Female_Cho　（FILE168：Female_Cho_P／FILE169：Female_cho_M）
ルーティング　　　EQ1（frequency / Cubase Pro）　→
コンプレッサー1（White 2A / IK MULTIMEDIA）　→
コンプレッサー2（CLA-76 / WAVES）　→

M A S T E R I N G

	EQ2（FG-N / SLATE DIGITAL） →
	ディエッサー（Renaissance DeEsser / WAVES）
EQ1	150Hz（ローカット）
	3.1kHz：−6dB（ピーク）
	3.6kHz：−6dB（ピーク）
コンプレッサー1	タイプ：オプト（真空管増幅）
	動作モード：COMPRESS
	ゲインリダクションの目安：−2〜−3dB
コンプレッサー2	タイプ：FET
	レシオ：8：1
	アタック：2（目盛値）／11ms（参考値）
	リリース：7（目盛値）／10ms（参考値）
	ゲインリダクションの目安：−10dB
EQ2	220Hz：−5.7dB（ローシェルフ）
	12kHz：−3.1dB（ハイシェルフ）
ディエッサー	Mode：Split
	Freq：5,000
	Type：ハイパス
	Range：−26.0
	Thresh：−38.5
トラック	フェーダー：0dB
	パン：センター（0）
	センド（Hall Rev）：−13.6dB／センドパン：センター（0）

■EQ1

汎用パラメトリックEQを使用。設定はすべてメインボーカルと同様です。

■コンプレッサー1

　LA-2A系のオプト（真空管増幅）タイプをCOMPRESSモードで使用。ゲインリダクションが−2〜−3dBとなるようにPEAK REDUCTIONを設定します。

■コンプレッサー2

　1176系のFETタイプを使用。レシオを8：1、アタックを2（目盛値）、リリースを7（目盛値）とし、安定感と主張を抑えた感じを出しました。また、ゲインリダクションが最大で−10dBになるくらいまでインプットを上げ、メインのボーカルよりも強いコンプレッションを与えています。

■EQ2

　NEVE1073タイプのパラメトリックEQを使用。ローシェルフで220Hz以下を5.7dBカットして軽やかにし、ハイシェルフで12kHz以上を3.1dBカットすることで、音質的にも主張を抑えた感じにしてあります。

■ディエッサー

　Threshを−38.5dBに変更した以外、すべてメインボーカルと同様の設定です。

■トラック

　トラックフェーダーを0dB、パンはセンターに設定します。Hall Revへのセンドレベルを−13.6dBとすることで、前後の定位の観点からも主張を抑えた感じにしてあります。

Male_Cho　（FILE170：Male_Cho_P／FILE171：Male_Cho_M）

ルーティング	EQ1（frequency / Cubase Pro）　→

	コンプレッサー1（White 2A / IK MULTIMEDIA）　→
	コンプレッサー2（CLA-76 / WAVES）　→
	EQ2（FG-N / SLATE DIGITAL）　→
	ディエッサー（Renaissance DeEsser / WAVES）
EQ1	445Hz（ローカット）
	2.4kHz：−6dB（ピーク）
	2.6kHz：−6dB（ピーク）
コンプレッサー1	タイプ：オプト（真空管増幅）
	動作モード：COMPRESS
	ゲインリダクションの目安：−2〜−3dB
コンプレッサー2	タイプ：FET
	レシオ：8：1
	アタック：2（目盛値）／11ms（参考値）
	リリース：7（目盛値）／10ms（参考値）
	ゲインリダクションの目安：−10dB
EQ2	220Hz：−1.8dB（ローシェルフ）
	12kHz：−3dB（ハイシェルフ）
ディエッサー	Mode：Split
	Freq：5,000
	Type：ハイパス
	Range：−26.0
	Thresh：−38.5
トラック	フェーダー：0dB
	パン：L40／100（＋25／63）
	センド（Hall Rev）：−12.4dB／センドパン：センター（0）
	センド（Delay）：0dB

マルチトラックファイルでミキシングにトライ

■EQ1

汎用パラメトリックEQを使用。445Hzから緩やか（12dB/oct）にローカットし、高域の耳障りなピークは、2.4kHzと2.6kHzをそれぞれピンポイント（Q最大）で6dBカットしています。

■コンプレッサー1

LA-2A系のオプト（真空管増幅）タイプをCOMPRESSモードで使用。ゲインリダクションが−2〜−3dBとなるようにPEAK REDUCTIONを設定します。

■コンプレッサー2

1176系のFETタイプを使用。設定はすべて女声コーラス（Female_Cho）トラックと同様です。

■EQ2

NEVE1073タイプのパラメトリックEQを使用。ローシェルフで220Hz以下を1.8dBカットし、ハイシェルフで12kHz以上を3dBカットすることで、主張を抑えた感じにしてあります。

■ディエッサー

Threshを−38.5dBに変更した以外、すべてメインボーカルと同様の設定です。

■トラック

トラックフェーダーを0dB、パンはL40に設定します。Hall Revへのセンドレベルは−12.4dBで、センドパンはセンターとしました。

さらにここではディレイを使用して、モノラルのソースに空間の広がり感を加えることにします。具体的には、男声コーラス（Male_Cho）専用のモノラルセンドト

ラック（Delay）を作成し、そこにモノラルデイレイをインサート。TIMEをテンポ非同期モードで25ms、FEEDBACKを0%、MIXをウェット成分が100%となるように設定し、トラックフェーダーを0dB、パンをR40にします（なお、このケースではモノラルディレイのFILTER機能は使用しませんでした）。

　この状態で、Male_ChoトラックからDelayトラックへのセンド設定はポストフェーダーとし、センドレベルは0dBとします。これで、Male_Choトラックからソースが L40 の定位で出力され、その25ms後に、Delayトラックから同内容／同レベルのディレイ音が R40 の定位で出力されることになります。

🔵 仕上がりの定位

　ここで行ったミキシングを定位の観点からまとめると、下図のようになります。前後、左右のバランスをどのように構築しているか参考にしてください。

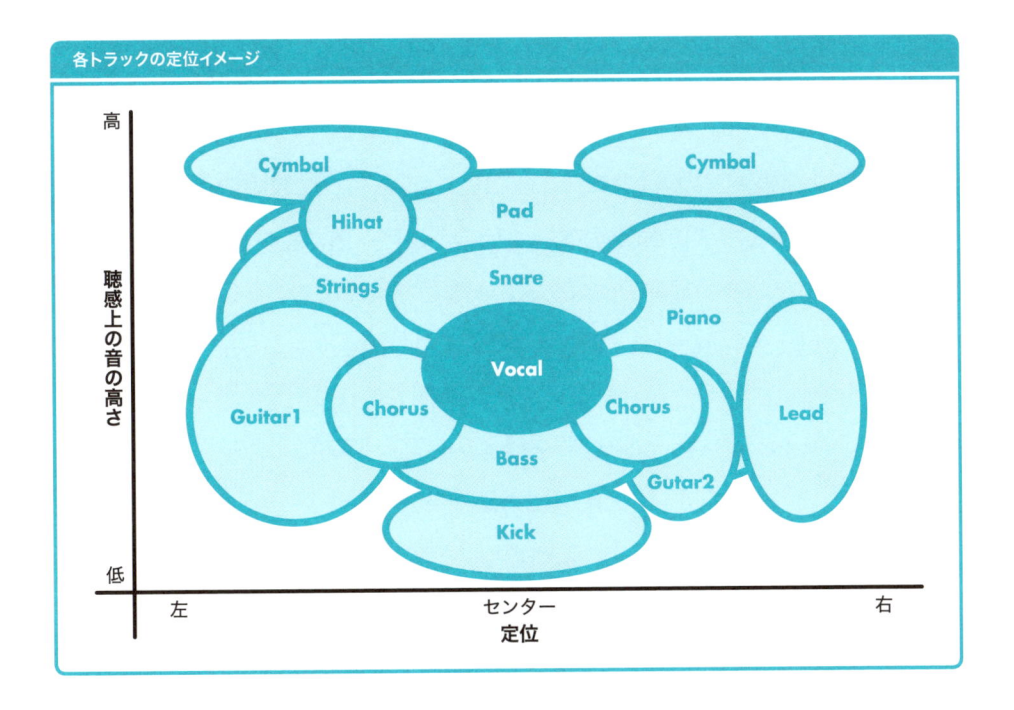

各トラックの定位イメージ

Add Note ミックスを見越した適切なアレンジを

　ミックス作業を進める過程で、どうしても他のトラックとかぶってしまう、特定のトラックが全体の中で埋もれてしまう、ミックスのバランスがまとまらない、という壁にぶつかったことはないでしょうか？　これは多くの場合、アレンジの時点で同じ帯域や同じ定位に楽器を詰め込みすぎて、無駄に混雑していまっている、あるいは逆に必要な帯域で音が鳴っていないことに起因します。こうなってしまうと、どんなにミックスのテクニックを駆使しても、どうにもなりません。

　昨今のように個人で作曲、アレンジ、ミックスまで行う形態では、ここで1つの学びを得ることができます。つまり、ミックスが上手くいかないならば、アレンジまで立ち返って考え直そうというわけです。低域〜中域〜高域とバランスよく楽器が配置されているかどうか、混み合っている帯域やスカスカの帯域がないか、あるいは定位を決める際に、楽器が多すぎて配置が決まらないということがないか、といった具合です。場合によっては、同じ帯域で同じようなことをやっている楽器は、思い切って外してしまうというのも手でしょう。

　また特に多いのが、中低域はしっかり出ているのに、高域の楽器の密度が薄い、いわゆるハイ落ちという状態です。アレンジがハイ落ちしていると、高域を持つセンターのボーカルだけが浮いてしまい、まるで三角形のようなミックスに聞こえるといった例をよく見かけます。これは後にEQで補正することもできますが、あくまで補正であって、元々存在しない周波数を新たに作り出すことはできません。やはり、ドラムの金物や、高域成分を持った楽器を適切に鳴らしておくことが肝要なのです。こういった点に気づけることは、自分の曲を自分でミックスできることの利点でもあります。ミックスの問題点からアレンジの課題を掘り出すことができれば、同時にアレンジも上手くなると言えます。ぜひ以上のような視点を持ってミックスに臨んでください。

MIXING THEORY

ミキシングの基礎
サウンドメイキングの基礎
サウンドメイキングの実際
ミキシングの実際

マスタリングの基礎

マスタリングの実際
APPENDIX

MASTERING THEORY

Theory 01　マスタリング作業とは？

　マスタリングとはそもそも、アナログレコードでの針飛びが起きないように周波数レンジやダイナミクスレンジを調整したり、CDアルバムなどの曲間調整や質感をそろえ、レベルクリップの発生を排除する工程を指していましたが、現在では、その意味合いが変わってきています。ここでは主に現代的なマスタリングの意義や行うことの概要について解説します。

マスタリングの意義と必要性

　1曲単位で、ミキシングもマスタリングも自分の手で行う場合、マスタリングとは、マスターアウト、または2MIXで書き出したオーディオファイルに対して行う、サウンドトリートメント作業ということになります。マスターアウト／2MIXファイルには、さまざまな音がミックスされて1つのサウンドが形成されており、個別のトラックでは調整しえない項目が存在します。その部分に対して調整を加え、最良の状態までサウンドを磨き上げるのがマスタリングというわけです。

　特に、現代のマスタリングの最重要項目とも言えるのが音圧の調整です。今ではさすがに一時期の過剰なまでの音圧競争は落ち着きつつありますが、それでも商品として流通する音源に匹敵する聴感レベルを実現するには、ある程度音圧を上げていく必要があります。もちろん、そのためにはマキシマイザーの利用も考えられます。ただし音圧アップのための魔法のエフェクトのように記されることが多いこのマキシマイザーも、単純にこれを使って音量を突っ込んでいけばそれでOKと言えるほど、音楽としてのサウンドは甘くありません。マキシマイズ効果以前に施す他のエフェクトの設定との合わせ技によって、サウンドに迫力を与え、かつスムーズで聴きやすいサウンドにするからこそ、意味のある音圧向上結果が得られ

るということは、忘れないようにしてください。

　なお、現在でも依然として、曲間の調整や楽曲データの入力などといった、本来マスタリングに含まれていた作業はマスタリング工程の範疇に含まれていますが、本書の解説ではその部分をオミットし、サウンドトリートメントの側面に対してフォーカスしていきたいと思います。

🔵 マスタリングで使用するエフェクト

　マスタリングではケースに応じてさまざまなエフェクトを使用しますが、ここでは代表的なものを挙げておきます。

- ・**EQ**：サウンドの音質を補正／調整する
- ・**コンプレッサー**：サウンドのまとまり感を出す
- ・**サチュレーター**：アナログライクな色づけによってサウンドの彩度を調整する
- ・**マキシマイザー**：音圧を調整する
- ・**M/S処理系（EQ、コンプレッサー等）**：左右の広がりや迫力を調整する
- ・**ディザリング系**：ビット解像度をダウンコンバートする際の量子化ノイズ対策

　それぞれのエフェクトのマスタリングにおける利用方法について、詳しくは後述します。

🔵 ミキシングとの役割分担

　ここまで見てきたように、ミキシングは各トラックで音質や音量（ダイナミクス）、定位（空間演出）を調整し、最適なバランスでサウンドを混ぜ合わせていく工程を指しています。

それに対してマスタリングは最終の微調整を行う工程であり、この段階で極端にサウンドのイメージやバランスを変えるということはしません。マスタリングの各エフェクトに対しては極端な値の設定は避け、少しずつ変化を積み重ねるように仕上げていくのがポイントです。マスタリング工程でサウンドのイメージやバランス変更をやろうとすれば、ここまでのミキシング作業が無駄になってしまいますし、そもそもマスターアウト／2MIXファイルを対象に行うマスタリングでは、マルチトラックを対象にしたミキシングのような柔軟な調整は無理なのです。

仮にマスタリング時にミックスバランスや個々のトラックでの問題を発見した場合は、無理にマスターアウト／2MIXファイルをこねくり回すよりも、ミキシング工程に戻って再度調整を詰めた方が、ほぼすべてのケースにおいて作業的にも時間的にも合理的な結果が得られます。

● マスタリング時のモニタリング環境

マスタリング時にはヘッドフォンでのモニタリングが頼りになります。低域の確認などはスモールモニターで聴くよりも信頼できると言えます。ただし定位の確認では、やはり正面から聴いた場合の音像や、空間を挟んで耳に届く場合のサウンドも確認したいので、モニタースピーカーを使用するようにしてください。

アマチュアにとって、マスタリング作業における最も強力な味方となるのはリファレンスの音源です。まずは真似ることから始めましょう。自分が理想とするサウンドの音源をDAW上に貼り付け、同じモニター環境でマスターアウト／2MIXファイルの出力と比較しながらマスタリング作業を進めれば、プロのマスタリングに近づけることができます。少なくとも大きな失敗は防げるはずです。

また、最終的には特定のヘッドフォン／モニタースピーカーだけでなく、各種の再生装置でサウンドをチェックする必要もあります。昨今特に重視されているのがイヤフォンです。現代のリスニング環境として最も一般的だからですね。この

チェックを怠ると、マスタリング作業後、完成した音源をイヤフォンで聴いた際にヘッドフォン／モニタースピーカーで聴いていたものと印象が違いすぎて、びっくりすることもあります（この場合、マスタリングをやり直しするしかありません）。

　もちろんイヤフォンだけを使ってマスタリングを行えばいいと言うことではありませんが、作業の節目節目にイヤフォンでのサウンドチェックを行って、特に嫌な帯域が飛び出していないかなどを確認し、むしろイヤフォンで聴いたときのバランスを尊重するくらいの気持ちでマスタリングを行うのもアリでしょう。

🔵 メーターの読み方

　マスタリングの際にはサウンドそのものに加えて、出力レベルをはじめとする出力特性のチェックも欠かせません。ほぼすべてのDAWには、そのための各種メーターが標準でバンドルされています。メーター系のプラグインを使用する際には、マスタリングに使用する全エフェクトよりも後段（プラグインによる量子化ノイズの軽減対策が必要なケースでは、その処理が最終段になるため、それよりも前段）のインサートスロットに配置してください。

■レベルメーター

　レベルメーターは主にマスターアウトのサンプルピークレベルとRMSレベルを見るものです。入手可能なフリーウェアとしてはVoxengoのSPANがあります（このプラグインには後述のコリレーションメーターやスペクトラムアナライザーも内蔵されています）。

　サンプルピークは瞬間的な音量を示し、マスターレベルが0dBを超えてクリッピングが発生していないかをチェックするために使用します。

　一方RMSは一定時間単位の平均レベルを示すもので、聴感上受ける音圧感に近い値と見ることができます。

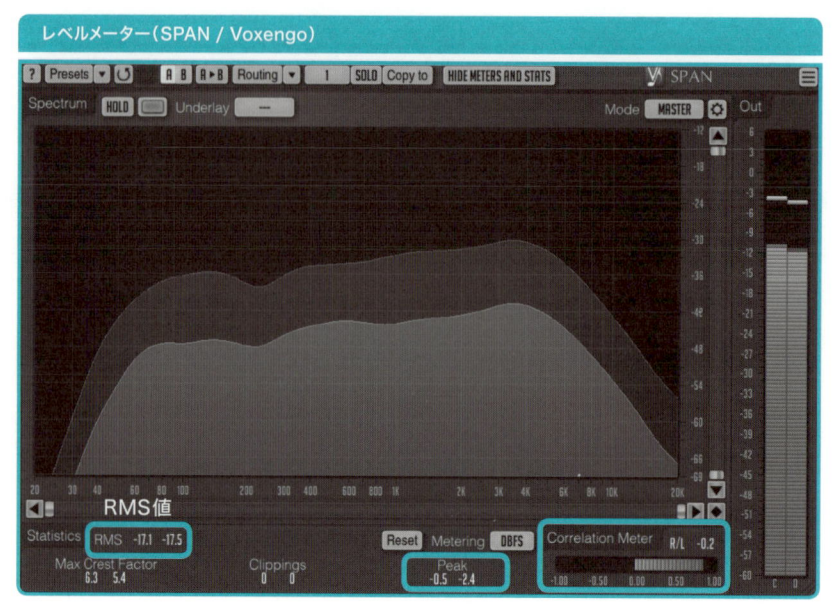

レベルメーター（SPAN / Voxengo）

RMS値

ピーク値　　コリレーション

■コリレーションメーター

　コリレーションメーターは左右チャンネルの位相の関係を示すメーターです。

　＋1に近づくほど左右チャンネル間に同相成分が多いことを表し、言い換えればセンターに音が集まっていて左右の広がりが少ない状態と言えます。

　逆に−1に近づくほど左右チャンネル間に逆相成分が多いことを表し、ワイドな広がりを持つミックスと見なすことができます。ただし−1に近すぎると逆相成分が多くなりすぎ、モノラルスピーカーから出力すると迫力が減じてしまう可能性があります（左右チャンネルの逆相を重ね合わせることで、波形の振幅を互いに打ち消し合ってしまうため）。その際は過度にM/S処理を行っていないか、ステレオイメージャー等で広げすぎていないかなどを確認してください。

　曲調にもよりますが、マスタリングの際はとりあえず0付近を目安とすることで、適度なステレオ感を得ながらも、モノラルスピーカーでの再生にも破綻が生じにくい状態に仕上げることができるでしょう。

■ラウドネスメーター

　ラウドネスメーターは元々放送業界で導入された音量の規格に則ったメーターで、人間の聴覚特性を考慮した値が表示されます。単位は絶対値であるLUFS（＝LKFS）と相対値であるLUが使用され、LUはターゲットラウドネスとの差分を表示する際に選択します。ちなみにLUFS/LUという単位の値が意味するところはdBと同義となります。ターゲットラウドネスは放送業界では−23LUFS（EBU／欧州放送連合策定）や−24LKFS（ATSC／高度テレビジョンシステムズ委員会策定）とされ、これを超える値になるようでは出力ゲインを下げる必要がありますが、音楽制作においてはどのメディアに配信するかで値が異なってきます。たとえばYouTubeならば、非公式ながら−13LUFSが上限値とされ、それより大きいラウドネスを持つ音源は音量を絞られます。

　DAWにはラウドネスメーターがバンドルされているものもありますが、入手可能なフリーウェアとしてはTBProAUDIOの**dp Meter IV**があります。このプラグインではREF LEVELでターゲットラウドネスを設定することができ、OFFSETをONにするとLUの値、OFFにするとLUFSの値が表示されます。

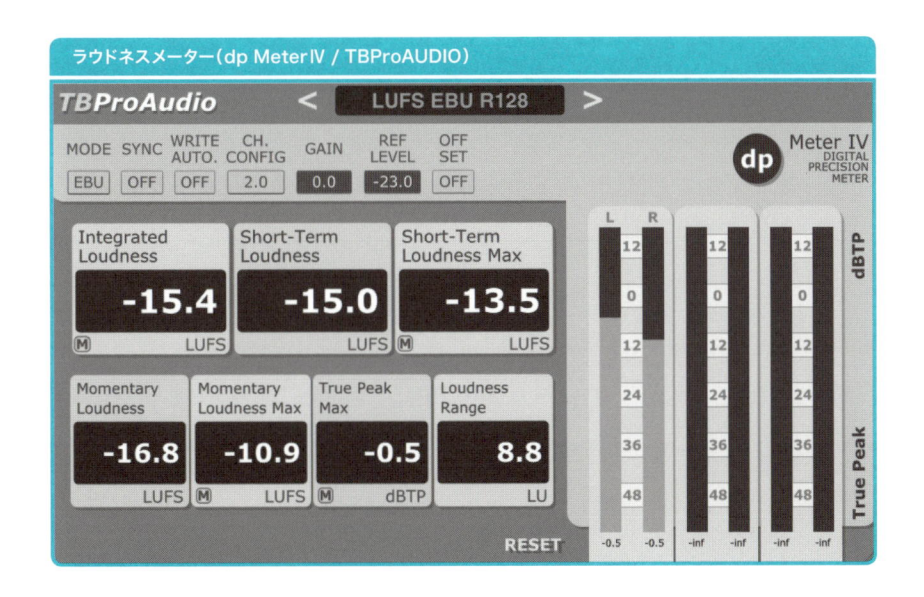

ラウドネスメーター（dp MeterIV / TBProAUDIO）

マスタリング作業とは

MIXING

このdp Meter IVをはじめ、ラウドネスメーターには通常、Integrated、Short Term、Momentaryの3つのメーターが用意されており、最終的なラウドネス調整は、楽曲全体のラウドネスを測定したIntegratedの値で行います（Short Termは3秒単位のラウドネス値を表し、現在のラウドネスを大まかにつかむために利用。Momentaryは400ms単位のラウドネス値を表し、RMSと同じような利用法になります）。dp Meter IVではMボタンをクリックすることで、適切な出力ゲインの値を自動算出し、GAINの値として設定することができます。

■トゥルーピーク値

また、ほぼすべてのラウドネスメーターにはトゥルーピーク値も表示されます。通常のピーク値とトゥルーピーク値は別物と言ってよく、実はマキシマイザーのシーリングパラメーターを0dBに設定して作成した（＝ピークが0dBをオーバーしていないはずの）オーディオファイルであっても、これをアナログに変換したり圧縮する際にピークが0dBを超えてしまうことがあり、しばしば問題になります。

この現象の発生原理の解説は割愛しますが、イメージとしては、サンプリングポイント（サンプルレートが44.1kHzならば1/44,100秒間隔）よりも短い間隔の中に潜んでいた0dBを超えている部分が、アナログ変換や圧縮の際に顕在化してしまったために起きるものと考えればいいでしょう。

トゥルーピークとは文字通り正真正銘のピーク値を表す数値で、単位はdBTP。入力されたサウンドをオーバーサンプリングし、サンプルレートよりも細かい単位で検出されたピーク値を意味します。つまり、サンプリングポイント間に0dBを超える部分が潜む余地がほぼない状態で計測されたピークというわけです。通常の非圧縮再生ではこの値が−0.1〜−0.5dBTPほどあれば問題ありませんが、配信やファイルプレーヤーでの再生のためにデータの圧縮が行われることを想定したケースでは、少なくとも−1dBTPのマージンは必要となります。この場合はマキシマイザーのシーリングパラメーターを−1dB以下に設定するようにしてください。

MASTERING

Theory 02　トータルな音質（EQ）の調整

　音質的なバランスはミックス段階で完璧に整えておくのが理想ですが、実際にはマスタリング段階でマスターアウトまたは2MIXを対象にした若干の音質調整（トータルイコライジング）が必要になるケースも少なくありません。

　このトータルイコライジングの際は、主に多バンドかつ、バンド周波数設定やカーブ設定にフレキシビリティの高いタイプのパラメトリックEQを用います。さらに、EQ設定と連動するイコライジングカーブ表示機能と、スペクトラムアナライザー表示機能を持つモデルであれば、設定と効果の状況が一目で把握できるため、的確な設定を素速く行うことができるようになります。

　なお、トータルイコライジングでのブースト／カットはせいぜい1.5〜2dB程度の範囲と心得ましょう。この範囲のブースト／カットであれば、ミックス結果を破綻させることなく、比較的自由な帯域を対象にした音質の調整が可能です。では、実際のトータルイコライジング例を聴いてください（FILE172：トータルイコライジング前／FILE173：トータルイコライジング後）。

◉ トータルイコライジングの設定ポイント

　設定の一例として、ロックやダンスミュージックなどメリハリを効かせたいジャンルの曲に対する、高域と低域のブーストがあります。こうすることで、最終的なサウンドをいわゆるドンシャリ気味の方向に振ることができます。この場合EQカーブはハイ／ローともシェルフタイプを選び、Qの値は小さめに設定してなだらかなスロープになるようにします。

　また、中低域にこもりや濁りを感じるような場合は、これをスッキリさせるために300〜500Hzあたりにかけてを若干カットしてみるのもいいでしょう。

EQカーブはピークタイプを選んでください。Qの値はやはり小さめが基本で、カットの影響を受ける帯域の幅とカットの深さの兼ね合いを考えて設定します。

ボーカルにフォーカスすべきJ-POPなどでは、ボーカルの倍音領域（2kHz付近）をブーストすることもよくあります。ただしこの帯域に手を加えると、多くの場合それに伴ってスネアやギターの質感も変わってしまうので、ピークタイプのEQカーブを使って、注意深くEQポイントとQの設定を行い、できるだけボーカル以外に不必要な音色変化が及ばないようにします。

さらに、比較的多く見られるものとして、2〜4kHzあたりに各トラックのピークが集中し、周辺とのバランスが悪くなっている箇所が発生するケースがあります。これについてはQの値を最大（カーブを最も急峻）に設定後、まずは箇所を特定しやすくするためにブースト状態で2〜4kHzをサーチし、EQポイントが特定できたらその部分が目立たなくなるようにピンポイントでカットします（場合によっては、カットの値が2dBを超えることがあってもかまいません）。

■20Hz〜20kHzフィルタリング

以上のような個別のケースとは別に、ジャンルや狙いを問わず、トータルイコライジングに共通する約束事のようになっているEQ設定もあります。

1つ目はローカットです。これはミキシング時にサウンドメイキングのために個々のトラックに適宜施していくローカットとは意味合いが違い、言わば楽曲の仕上がり仕様として、可聴範囲外となる20Hz以下をカットするというものです（この場合、スパッと切れるようにカーブは48dB/octなど、急峻なものに設定します）。

"どうせ聞こえないなら、わざわざカットしなくてもいいのでは？"と思われるかもしれませんが、たとえ可聴範囲外であっても、そこには空気の振動が存在しています。この振動のエネルギーは、耳には聞こえなくても音量のレベルに含まれるため、それをカットすることによって、その分だけ可聴範囲内のサウンドのヘッドルームに余裕をもたらすことができ、不必要にモヤッとした圧迫感のようなもの

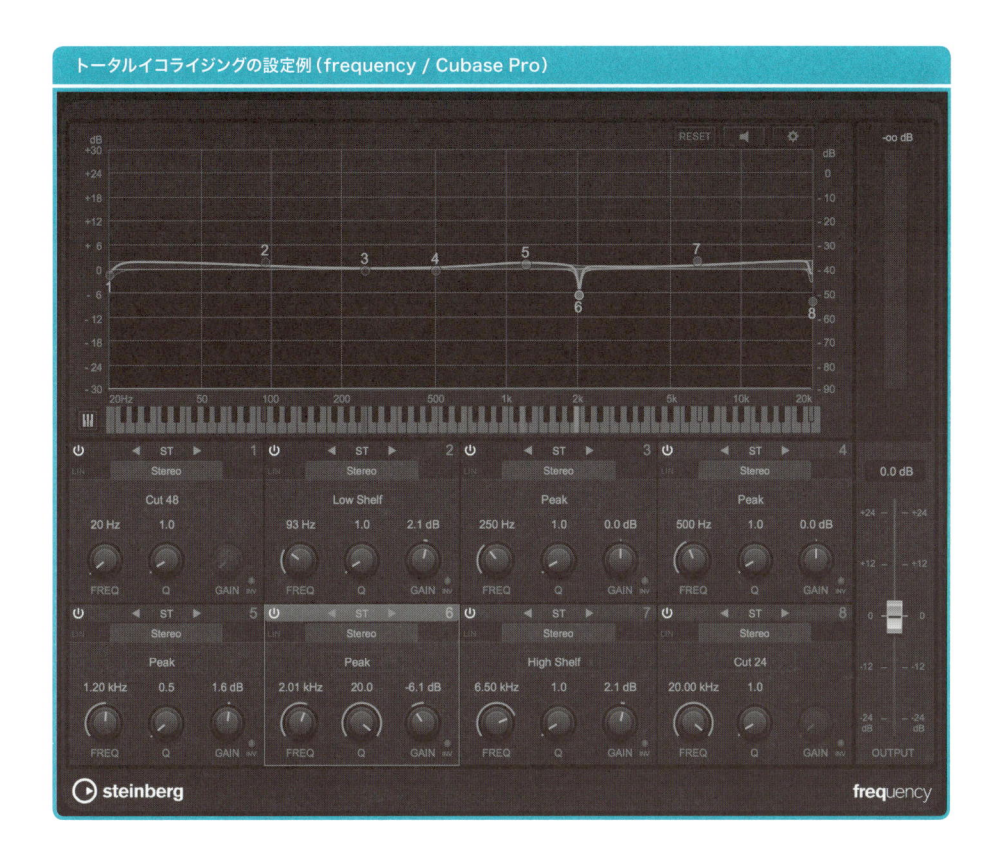

トータルイコライジングの設定例 (frequency / Cubase Pro)

を排除することもできるのです。20Hzのローカットの有無を聴き比べてみると、全体の音の密度や低域のタイト感に明らかな変化があるのがわかるはずです。

　2つ目はハイカットです。こちらは可聴範囲外である20kHz以上をカットするというものですが、この帯域の振動のエネルギーは低域ほど大きくないため、必須の処置とまでは言えません。場合によっては高域の質感に望んでいない影響が及ぶこともありますから、実際に設定してみて、サウンドに悪影響がなければやっておく、という程度に考えておいてください。

`Theory 03` **トータルなダイナミクスの調整**

　マスターアウトまたは2MIXを対象に、コンプレッサーを利用して最終的なダイナミクスの調整を行うことをトータルコンプ（バスコンプ）と呼びます。緩やかにダイナミクスを抑え、全体のまとまり（グルー）感を出すことが主目的となり、マキシマイザーを通す前の下準備と言える作業工程になります。ちなみにグルー（glue）とは、英語で膠や接着剤を意味する言葉です。

　トータルコンプ用途に使用されるコンプレッサーには、当然ながらそれをかけることによってグルー感が得られるものが選ばれます。実機の例としては、SSL4000 G Bus Comp、API 2500、NEVE33609、Focusrite RED3などをはじ

トータルコンプ用途のコンプレッサー（SSL G-Master Buss Compressor / WAVES）

め、Manley Variable Mu、Fairchild 660/670といった名機が挙げられます。

　いずれも嫌味なコンプ臭さがない一方で、機種ごとに違ったテイストを持つため、多くの場合、これらの実機の特性をモデリングしたプラグインを入手して使用することになると思います。

　試用可能な製品版のプラグインには、トータルコンプ用途の定番とも言えるSSL4000 G Bus Compを再現したWAVESの**SSL G-Master Buss Compressor**があります。なお、実機の名称がそのままプラグインの名称に使われないことも多いので、試用／購入を考える場合は、事前にインター

ネットなどで実機とプラグイン名の対応を調べておくことをおすすめします。

　もちろんDAWにバンドルされているプラグインの中に、上記いずれかのモデルの特性を模したコンプレッサーが含まれていない場合は、汎用コンプレッサーを活用したトータルコンプも可能です。ここではまさに、ProTools Softwareにバンドルされている汎用タイプのコンプレッサー、DYN 3 COMPRESSOR/LIMITERを使ったトータルコンプ例を用意してみました（FILE 174：トータルコンプ前／FILE 175：トータルコンプ後）。

● トータルコンプの設定ポイント

　冒頭の繰り返しになりますが、トータルコンプはマスターアウトまたは2MIXの内容に対して緩やかにダイナミクスを抑え、全体のまとまり感を出すことが主たる目的です。したがって、実機モデリングタイプ、汎用タイプのいずれにせよ、ミックスのイメージを崩さないよう浅めにかけるのが基本であり、この工程で大きく音圧を稼ぐといったことも行いません。

　具体的には、レシオは1.5〜2：1、アタックは30〜50ms、リリースは200〜300ms前後を目安とします。その上で、ゲインリダクションが−2dB前後で推移する程度にスレッショルドを調整し、ゲインリダクション分の埋め合わせとしてアウトプットゲインを2dB程度に設定してください。現状のサウンドにあえてパンプ感を与えたいといった明確な意図がある場合は、目安よりもリリースを若干早めに設定するといいでしょう。

　また、デジタルコンプレッサーを利用するケースでは、ニーをソフト側に振るようにすると、効き味からコンプ臭さが薄れ、ナチュラルな感じになります。ハード／ソフト切り替え式ではなく、ニーの値を直接設定できるモデルならば、ピークとなりやすいスネアやキックのトランジェントの変化を感じながら、ベストと感じるところまで少しずつニーの数値を大きくしていってください。

トータルなダイナミクスの調整

さらに、使用するコンプレッサーにインターナルサイドチェーン機能が装備されているならば、それを活用して100Hz程度以下をフィルターします。こうすることで圧縮効果のオン／オフがキックに引っ張られることを防止でき、それと同時に2MIXが本来持っていたキックの存在感の保全にもつながります。

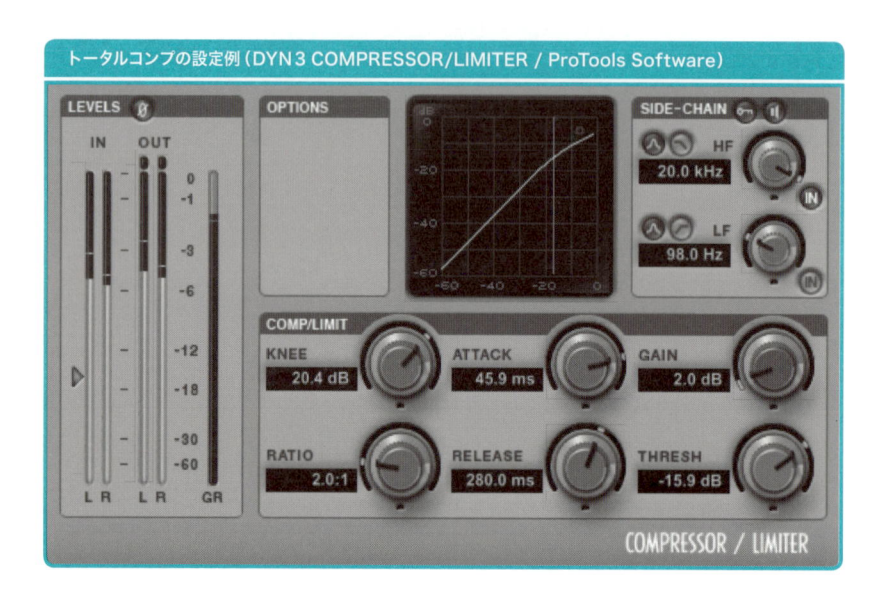

FILE174とFILE175を耳を凝らして聴くと、FILE175では、ピークが集中する箇所や浮きがちな音が抑えられ、ほどよく空気感やサスティンが出て、まとまり感が増しているのがわかるはずです。場合によってはボーカルの存在感も強化されてくると思います。現状ではその違いが微細なものに感じられるかもしれませんが、この後マキシマイザーで音圧を上げた際には、もっと顕著な差として現れます。

Theory 04　トータルな彩度（サチュレーション）の調整

　マスタリング時にアナログ機材を通すという手法は特に商用スタジオで多用され、私たちの耳はその音質に慣れていると言っても過言ではありません。ただ、効果を実感できる実機はたいてい高価ですし、アマチュアにとっては入手が難しいものもあります。現在はそういった実機の持つ効果をシミュレートしたサチュレータープラグインも数多く出ていますので、それらの活用方法を見ていきましょう。

● サチュレーションコントロールの設定ポイント

　サチュレーターがもたらす効果は、その発生原理から大きくテープサチュレーションタイプと真空管／FETサチュレーションタイプに分けることができ、どちらの場合も、入力レベルが完全に音が歪む少し前〜直前（飽和）にあるときに発生する、サウンドへの独特の影響を模したエフェクトと言うことができます。そのため、効果をかけ過ぎるとサウンドの歪みがどんどん目立つようになります。ミックス時にトラックへのサウンドメイキングの一環として、サチュレーターで積極的にオーバードライブ感を加えるケースとは異なり、マスタリング時のサチュレーションコントロールでは、音割れを感じさせるような極端な設定は避けるのが基本です。

■テープサチュレーションタイプの特徴と用途

　テープサチュレーションタイプのサチュレーターは、アナログ磁気テープメディアならではの飽和特性（ソフトなサチュレーションとテープコンプレッションの発生）を得たいときに利用します。この種のエフェクトは未だすべてのDAWに標準バンドルされているとは言い難い状況ですが、Cubase Proにバンドルされるmagneto IIはまさにこのテープサチュレーションタイプのサチュレーターになります。

テープタイプのサチュレーター（magneto II / Cubase Pro）

　テープサチュレーションタイプのサチュレーターには、モデルによってはこの基本的な効果に加えて、磁気テープと磁気ヘッド間のバイアス設定（主に高域特性が変化します）パラメーターや、ワウ／フラッターと呼ばれる回転系部品の不均一性がもたらすモジュレーション作用を再現するためのパラメーターを装備したり、メーカーや型番ごとに異なる磁気テープ自体の記録／再生特性やレコーディング時のテープスピードによるそれらの変化まで再現し、任意に選択できるようにしたものもあります。こういった多機能タイプの中で挙げられる試用可能な製品版としては、マスターテープレコーダーの名機AMPEX AG-440BをモデリングしたIK MULTIMEDIAのTape Machine 440などがあります。

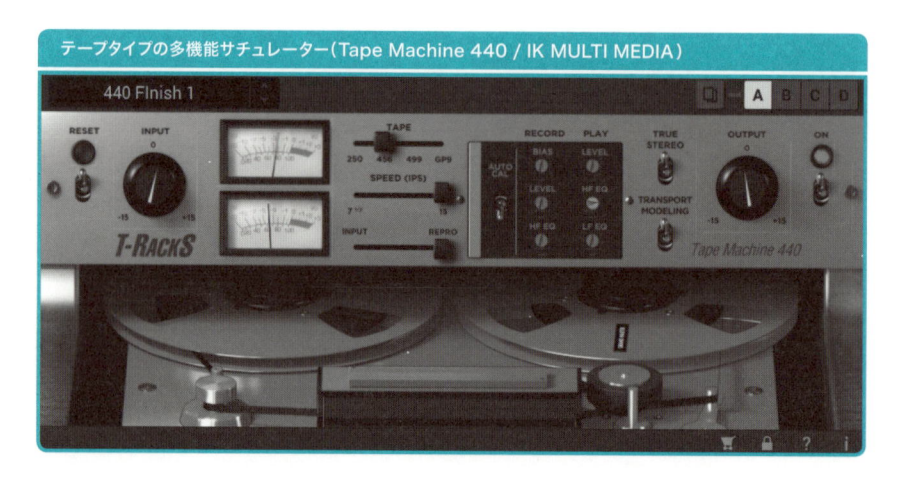

テープタイプの多機能サチュレーター（Tape Machine 440 / IK MULTI MEDIA）

テープタイプのサチュレーションからは、総じてきらびやかでありながら耳になじむ音が生み出されます（FILE176：テープサチュレーション付加前／FILE177：テープサチュレーション付加後）。高域の伸びが欲しいけれど、EQでブーストすると耳に痛い感じになってしまうといったケースや、サウンドが硬く冷たい感じになっているのを解消したいといった際に使用するといいでしょう。

■真空管／FETサチュレーションタイプの特徴と用途

真空管やFETを使った電気信号の増幅回路を持つタイプのハードウェアでは、入力レベルを飽和状態に近づけるほど、出力される音に独特なサチュレーションが加わります。

この音質変化が非常に音楽的であり、デジタル機器だけでは得られないものであったため、アナログテイストを感じさせる要素として長く評価され続けてきました。現在はプラグインの形でその回路部分を再現した専用の真空管／FETサチュレーターも数多く出回っています。たとえばCubase Proにバンドルされる**da tube**は真空管タイプの専用サチュレーターになります。入手可能なフリーウェアには既出であるSoftube **Saturation Knob**以外に、Wave Artsの**Tube Saturator Vintage**があります。このプラグインはもともと製品として販売されていた真空管タイプの専用サチュレーターですから、クオリティ的にも十分と言えます。

真空管タイプのサチュレーター（Tube Saturator Vintage / Wave Arts）

　試用可能な製品版には、IK MULTIMEDIAの**Saturator X**が挙げられます。これは1つのプラグインの中で、テープ、真空管、FETといったタイプを指定することができるマルチ対応タイプのサチュレーターになっています。

マルチ対応タイプのサチュレーター（Saturator X / IK MULTIMEDIA）

　入力部に真空管やFETを使った回路を持つビンテージタイプのコンプレッサーやEQプラグインを保有しているならば、レシオを1：1（非圧縮状態）や全バンドをブースト／カット0に設定することで、それらを真空管／FETサチュレーターとして使用することも可能です。

　真空管／FETサチュレーションタイプのサチュレータープラグインのほとんどが、ある特定の実機や真空管型番においてのサチュレーション特性を模しているため、タイプは同じであっても効果はプラグインごとに異なるのですが、総じてサウンドに太さや厚みが加わるという点では共通しています。その上で、真空管タイプのサチュレーターは、サウンドにぬくもりや粘りを与える方向での使用に適しており（FILE178：真空管サチュレーション付加前／FILE179：真空管サチュレーション付加後）、FETタイプのサチュレーターは、サウンドをカラリとさせ、パンチを与える方向での使用に適していると言えるでしょう（FILE180：FETサチュレーション付加前／FILE181：FETサチュレーション付加後）。

Theory 05　M/S処理による各種バランスの調整

　M/S処理とは、ステレオ（バス）トラックに対して通常のLRに対する処理ではなく、M（ミドル＝センターに定位されているサウンド成分）とS（サイド＝センター以外に定位されているサウンド成分）に個別の処理を行う手法です。まず、その効果を聴いてみてください（FILE182：M/S処理前／FILE183：M/S処理後）。

🔘 M/S処理の設定ポイント

　M/S処理の歴史はアナログレコードの時代にまで遡ります。レコードの溝にステレオ録音の情報を刻みつける際、レコードカッターは水平（Lateral）の動きでミドル、垂直の動き（Vertical）でサイドの情報を記録します。動きの大小が音量の大小となるのですが、水平と垂直の動き方によってはエネルギーが大きすぎて針が飛んでしまうため、おのずと記録できるダイナミクスに限界がありました。そして、真空管タイプのビンテージコンプレッサーとして本書でも取り上げてきたFairchild 670には、そのような状況に対応できるよう、当時から針飛びを防止しつつ効率よくステレオ情報を書き込むための、LAT（ミドル）とVERT（サイド）の分離処理機能が備わっていました。まさにこれがM/S処理の先駆けとも言うべきものであり、デジタルメディア中心の現在でも、トータルなダイナミクス、音質、ステレオイメージの調整を行う際の手法として受け継がれています。

　M/S処理の代表的なものに、サイド成分ほどレベルのヘッドルームに余裕がない（ことが多い）ミッド成分の音量をコンプレッサーで抑え、ある程度ミッド／サイドのダイナミクスを均一化してからマスタートラックで全体的なレベルを引き上げるという用法があります。ただしやりすぎると相対的にミッドの存在感が薄まり、本来のミックスバランスとはかけ離れたものになってしまうので注意してください。

ミッド成分に対するサイド成分の量が相対的に増加していくにつれ、左右の広がりが増した感じになっていくのは、M/S処理全般に共通する特性となります。

また、EQを使用してミッド部分のボーカルやベース、キックなどの帯域をブーストして補完すると、分離感よく仕上がることがあります。別のアプローチとして、低域のローカットを設定する際に、サイド部分をミッド部分よりも比較的高い周波数（100〜150Hz）から行うようにすると、キックやベースなどのサウンドをタイトに締まった感じにすることができます。なお、この場合はパンを振っている他の低域楽器（たとえばチェロやトロンボーンなど）のサウンドに影響がないか慎重に確認しながらローカット周波数を決めてください。

🔵 M/S処理用トラックの作成方法

通常、M/S処理を行うためには前もってそのための準備を行う必要があります。準備の方法には、M/Sエンコード／デコード用のプラグインを使用するケースも含め、いくつかの種類があります。ここでは多少手間はかかるものの、どんなDAWでも確実に行うことができる、汎用性の高い方法を紹介することにします（画面例ではProTools Softwareを使用して作業を行っています）。

■手順①　2MIXを非インターリーブド（マルチモノ）ステレオフォーマットでバウンスする

まず作成済みの2MIXを対象にして、まるごと1曲分のバウンスを行います。この際、プロジェクト設定からのビット解像度やサンプリング周波数の変更は不要ですが、バウンス後のオーディオファイルは必ず**非インターリーブドステレオ**（Pro Tools Softwareではこれを"マルチモノ"と呼んでいます）のWAVフォーマットになるように設定します。非インターリーブドステレオフォーマットでバウンスを行うと、通常のステレオバウンスで作成されるような1本のステレオオーディオファイル

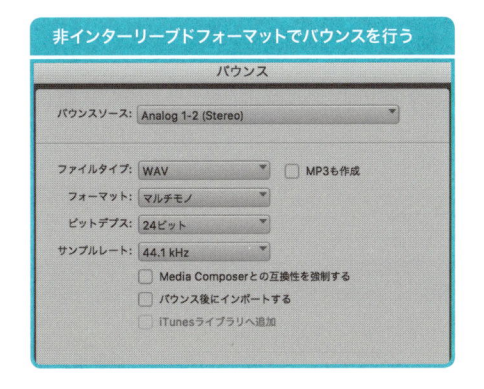

ではなく、LチャンネルからのLチャンネルからの出力だけとRチャンネルからの出力だけをファイル化した、2本のモノラルオーディオファイルが作成されます。

■手順② 2MIXをモノラルフォーマットでバウンスする

　次に、手順①と同様にすでに作成済みの2MIXを対象にしてまるごと1曲分のバウンスを行います。プロジェクト設定からのビット解像度やサンプリング周波数の変更が不要な点も同様ですが、今回はバウンス後のオーディオファイルを必ず**モノラル**（ProTools Softwareではこれを"モノ（合計済）"と呼んでいます）の**WAV**フォーマットになるように設定する点が異なります。

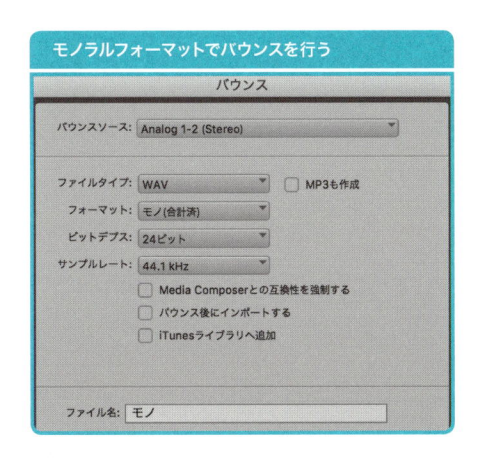

■手順③　DAW上に３つのモノラルオーディオトラックを作成し、手順①〜②で作成した３つのモノラルオーディオファイルを頭ぞろえで配置する

　DAW上に３つのモノラルオーディオトラックを作成して、手順①〜②で作成した、L、R、モノの３つのオーディオファイルを頭ぞろえで配置します。

　その上で、Rトラックの内容を全選択し、DAWに付属するファイルベースのプラグイン（コマンドとして実行するタイプ）から位相反転用（たいていの場合、InvertやInvert Phaseなどといった名称になっているはずです）のものを選んで、位相反転処理を行います（ProTools Softwareならば、Audio Suiteメニュー→Other→Invertを選択すると表示されるInvertダイアログで、レンダーボタンをクリック）。

　これまでの操作に間違いがなければ、LトラックとRトラックだけをソロ再生すると、ミッド成分が欠落した状態で再生音が聞こえるはずです。

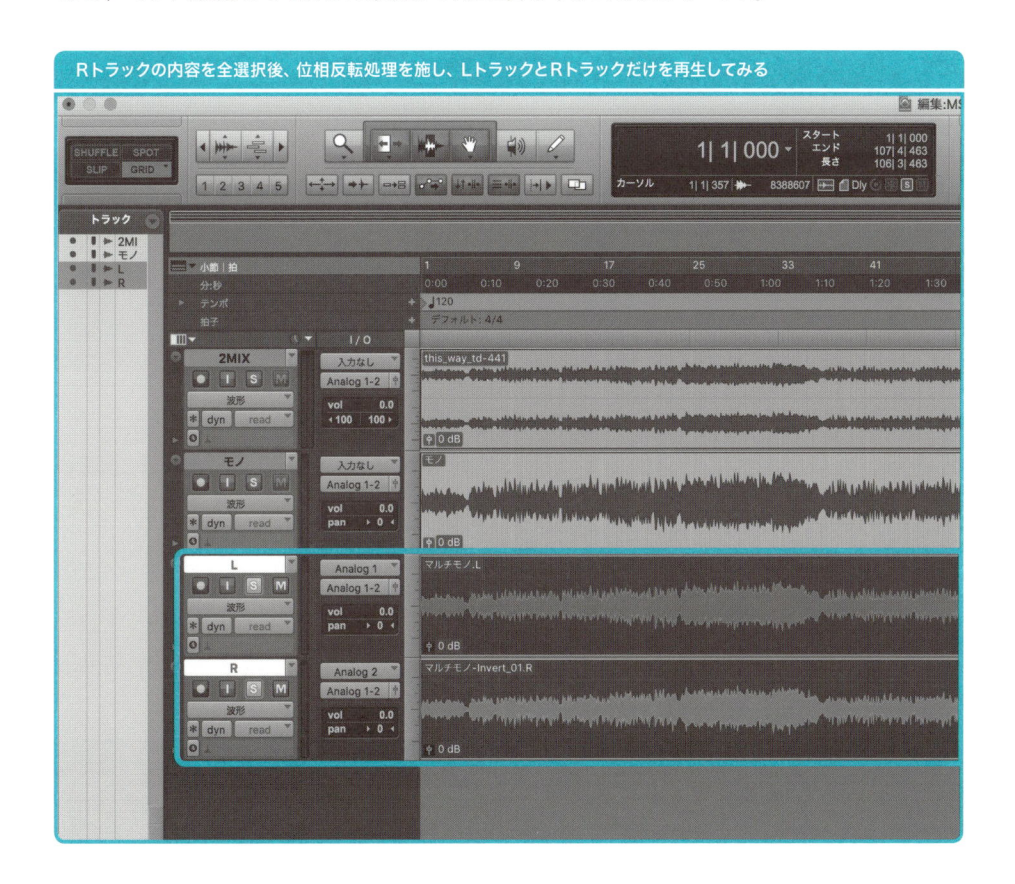

■手順④　LトラックとRトラックだけを対象に、モノラルフォーマットでバウンスする

　手順③で、正しくミッド成分が欠落した状態で再生音が聞こえていたら、LトラックとRトラックがソロになっている状態のまま、まるごと1曲分のバウンスを行います。なお、このバウンスの結果作成されたモノラルオーディオファイルを、以後"サイドL"と呼ぶことにします。

LトラックとRトラックだけを対象に、1曲分をモノラルフォーマットでバウンスする

■手順⑤　DAW上にモノラルオーディオトラックを作成し、手順④で作成したモノラルオーディオファイル（サイドL）を頭ぞろえで配置する

　DAW上にモノラルオーディオトラックを1つ追加作成してサイドLトラックと命名し、手順④で作成したサイドLを配置します。また、この時点でLトラックとRトラックは不要になりますので、邪魔にならないよう削除しておきましょう。

モノラルオーディオトラックを1つ追加後、手順④で作成したモノラルオーディオトラック（サイドL）を頭ぞろえで配置

■手順⑥　サイドLトラックを複製し、位相反転処理を施す

　次に、手順⑤で作成したサイドLトラックを、DAWのトラック複製コマンドを使って複製し、サイドRトラックと命名します。サイドRトラックには手順④で作成したモノラルオーディオファイル（サイドL）の複製が配置されていますから、これを全選択した上で、DAWに付属するファイルベースのプラグインを使って位相反転処理を施します。

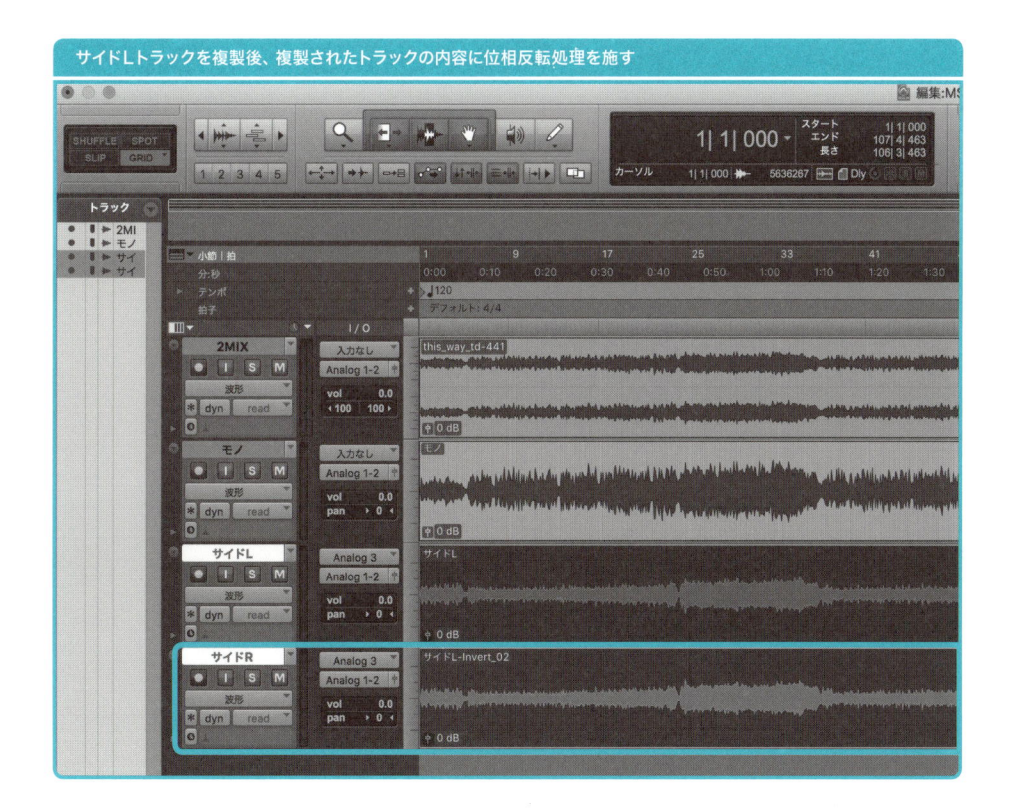

■手順⑦　サイドLトラックとサイドRトラックのパンを左右いっぱいに振り分ける

　サイドLトラックとサイドRトラックのパンを、それぞれ左いっぱい、右いっぱいに振り分けます。

その状態で、手順②で作成したモノトラック（画面例ではモノ（ミドル）に変更し
てあります）と、サイドLトラック、Rトラックという3つのトラックを再生してみてくだ
さい。2MIXとまったく同じ内容が再生されればOKです（問題がなければ2MIX
トラックを削除してかまいません）。このサイドLトラックとRトラックを合わせた再
生音がM/Sのサイド成分、モノトラックの再生音がミッド成分に相当します。

なお、プラグインエフェクトの配置や操作を考慮すれば、サイドLトラックとR
トラックの出力は、1つのステレオバストラック（画面例ではサイドと命名してありま
す）にまとめておくといいでしょう。

　前述のように、モノ（ミッド）トラックとサイドトラックという2つのトラックによって、ミッド成分とサイド成分が分離されていますから、それぞれに目的のプラグインエフェクトを配置していくことで、ミッド／サイド成分に対して個別の効果を加えることができます。これがすなわちM/S処理というわけです。また、この状態でマスターアウトにプラグインエフェクトを配置すれば、M/S処理後のサウンドに対して、トータルな効果を加えることも可能です。

◉ M/S対応プラグインを利用したダイレクトなM/S処理

　現在ではM/Sエンコード／デコードを行うアルゴリズムを内蔵したプラグインエフェクトがどんどん増加しています。このタイプのプラグインエフェクトでは、構造の基本として、入力段でステレオ入力に対して自動的にM/Sエンコードが行われ、エフェクトの効果を加えた後、自動的にM/Sデコードを施して（ステレオ出力に戻して）出力する仕組みになっています。また、通常のステレオ入力→エフェクト回路→ステレオ出力モードと、ステレオ入力→M/Sエンコード→エフェクト回路→M/Sデコード→ステレオ出力モードは、プラグインエフェクト上に用意されたボタンやメニューなどで切り替えられるのが普通です。

　こういったM/S対応プラグインを使えば、M/S処理用トラックの作成プロセスを経なくても、そのままステレオトラックに配置するだけで簡単にM/S分離エフェクト処理を実現することができます。このM/S対応プラグインはDAWに標準バンドルされるものの中にも増えてきており、中でもすでに何度か登場したCubase Proの**frequency**は、各バンド個別にステレオモード↔M/Sモードに切り替えられるフレキシビリティの高いパラメトリックEQとして、特筆できるものがあります。

　また試用可能な製品版のEQにはWAVESの**SCHEPS 73**、コンプレッサーにはM/S処理の元祖とも言えるFairchild 670を再現したIK MULTIMEDIAの**Vintage Tube Compressor/Limiter Model 670**が挙げられます。

M／S処理による各種バランスの調整

M/S対応パラメトリックEQ（SCHEPS 73 / WAVES）

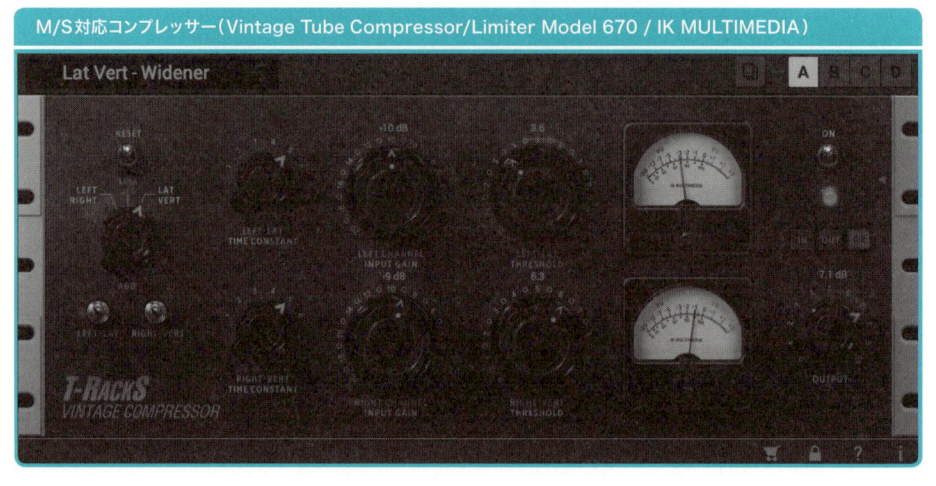

M/S対応コンプレッサー（Vintage Tube Compressor/Limiter Model 670 / IK MULTIMEDIA）

　さらに、フリーウェアとして入手可能かつM/S処理に対応しているものとして、Melda Productionの**MCompressor**というコンプレッサーがあります。ただし、上に掲載した2つのプラグインエフェクトは、1基のプラグインの中でミッドとサイド

に別々の設定が行える、つまりパラメーターが完全2系統用意されている並列処理タイプでしたが、MCompressorにはパラメーターが1系統しかありません。

　MCompressorに限らず、こういったタイプのM/S対応プラグインも少なくないのですが、そのようなケースでは、インサートスロットの上下に2つ同じプラグインを並べて配置し、たとえば上段はミッドモードを選択した状態、下段はサイドモードを選択した状態で、それぞれ個別の設定を行えば、1基内に2系統のパラメーターを装備するモデルと同様の使い方が可能です。

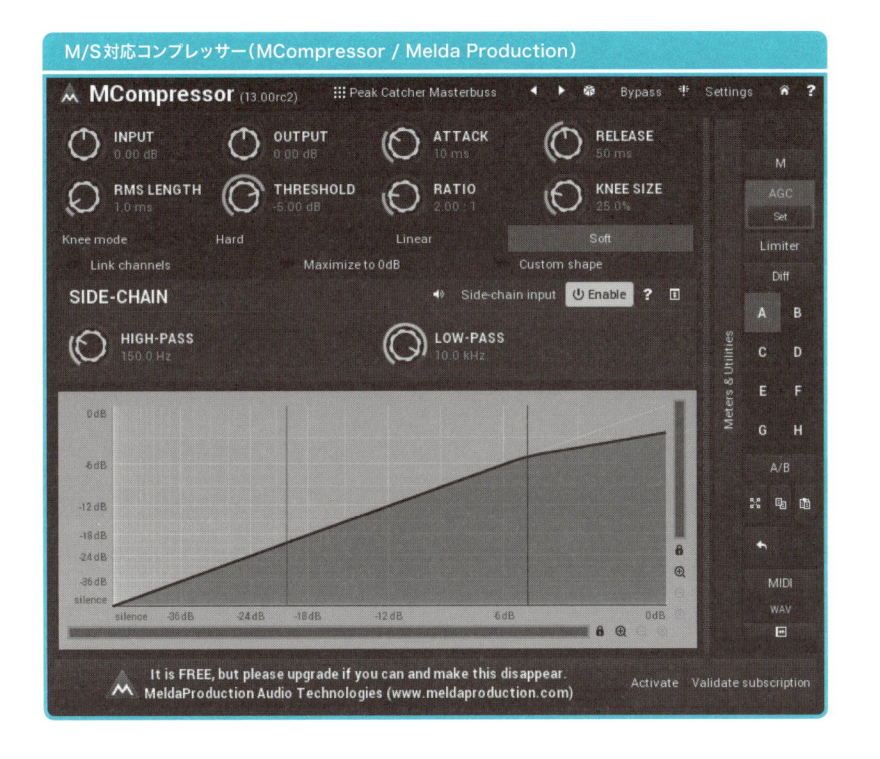

M/S対応コンプレッサー（MCompressor / Melda Production）

M／S処理による各種バランスの調整

Theory 06 最終的な音圧の調整

　音圧を上げるほど善であるという考え方は、すべてのケースに当てはまるわけではありません。曲調や音楽ジャンルによって適切な音圧があるからです。ただし、デジタルレコーディングの場合は、ビット解像度分のダイナミクスを大幅に下回るようなレベル／音圧設定では、音質面で劣悪なものになってしまいます。やはり、制作中の曲にとって適切な音圧までは引き上げておくべきであり、一般に流通している同様の曲調やジャンルの楽曲のレベル程度は確保すべきと言えます。

　音圧の調整には、マキシマイザーや、ピークストップ、ブリックウォールと呼ばれるタイプのリミッターが用いられますが、ここではよりシンプルな設定が行えるマキシマイザーについて見ていきましょう（FILE 184：マキシマイズ前／FILE 185：マキシマイズ後）。

音圧コントロールの設定ポイント

　マキシマイザーのパラメーター構成は極めてわかりやすいものになっており、ほとんどのモデルが、レベルの最大限界値（シーリング）を決めるパラメーター、スレッショルドを下げる（またはインプットを上げる）ことで音圧を加えていくパラメーターの2つを主なものとしています（名称に違いはあっても、役割的には変わりません）。画面例にはCubase Proにバンドルされる**maximizer**を挙げましたが、同様のものがほぼすべてのDAWに標準バンドルされていると言えるでしょう。ちなみに**maximizer**では、OUTPUTパラメーターがシーリングとなり、OPTIMIZEパラメーターの設定値を増加させることで音圧が上がっていきます。

　なお、マキシマイザーは基本的にマスターアウトのプリフェーダーインサートスロットの最終段（RMS値を計るためにメーター系のプラグインを使用する場合は、

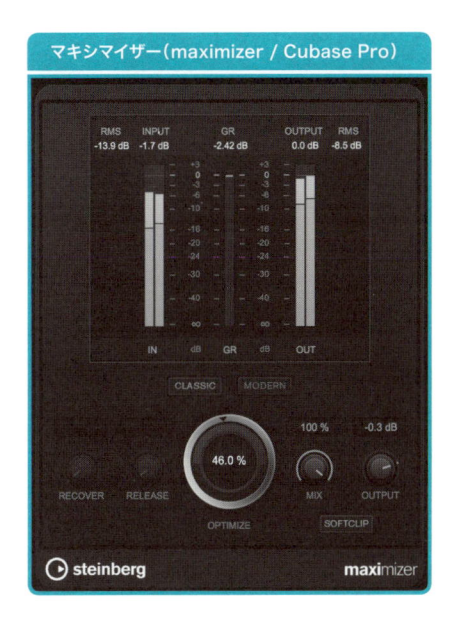

それらの前）に配置するようにします。

　シーリングの値はトゥルーピーク値（P176）の説明の際にも触れましたが、通常の非圧縮再生を前提とした場合は−0.1〜−0.5dBTP、配信やファイルプレーヤーでの再生のためにデータの圧縮が行われることを想定したケースでは、少なくとも−1dBTP程度に設定するようにしてください。

　音圧設定の際に1つの目安となるのは、ゲインリダクション（またはアッテネーション）の値です。これは、どの程度の音量がシーリングレベルを超えてリミットされたか（減衰したか）を示すもので、言い方を変えれば、音圧を上げることによってどの程度ダイナミクスが失われたのかを表したものとなります。

　ゲインリダクションの理想値は、常に−2〜−3dBのあたりを行ったり来たりしつつ、時折−6dBになる箇所がある、といった程度です。常時−6dBよりゲインリダクション量が多くなるような設定では、楽曲のダイナミクスをかなり損ねた状態となり、音質的にも歪みが発生してくるはずです。また、現実的な音量の面から見てもそこからさらに上げていくことは困難であると思います。

　もう1つの目安は、RMSの値です。RMSメーターが標準バンドルされている
DAWもありますが、メーターの読み方（P173）の中で紹介したVoxengoの**SPAN**
やRMSモードにしたTBProAUDIOの**dp Meter IV**といったフリーウェアでも十
分計測に役立てることが可能です。

　RMSは簡単に言うと平均的な信号レベルの値で、実際の聴感に近い音量を示
すため、実効値とも呼ばれます。単位はdBで、この数値が大きいほど音圧が高い
ことを意味しますが、同時にダイナミックレンジが狭い（アクセントや抑揚がない）
ということにもなります。値の目安としては、最大値で−10dB〜−8dB程度ですが、
ジャンルによってはそれ以上を求める人も多いように思います。この辺は好みです
ので、ダイナミクスとのトレードオフでどの程度の音圧を求めるのかを見極めなが
ら設定しましょう。

　なお、マキシマイザーと言えば、音圧競争ブームの立役者であったWAVESのL
シリーズが最も有名であり、試用も可能ですが、ここでは入手可能かつフリーウェ
アの中では比較的存在を主張しない（かけてもマキシマイズ臭が少ない）タイプ
のThomas Mundt **Loud Max**を挙げることにします。

Theory 07　ビット解像度変更に伴う量子化ノイズ対策

　ビット解像度をダウンコンバートする（下げて書き出す）際には量子化ノイズが発生します。すべてのDAWには、この量子化ノイズの軽減処理を行うためのプラグインまたはバウンス時の設定パラメーターが用意されています。軽減処理のアルゴリズムにはいくつかの種類があり、Cubase Proの場合はApogeeによる**UV2 2HR**がプラグインとしてバンドルされ、Logic Proの場合はそれに加えて**POWr #1〜3**がバウンス時に選択できるようになっています。

ディザリングプラグイン（UV22HR / Cubase Pro）

　プラグインでこの処理を行うタイプのDAWでは、マスターアウトのポストフェーダーインサートスロットの最終段に配置することで処理を適用します。また、量子化ノイズ軽減処理機能がマキシマイザー内に統合されているケースもありますので、その際はマキシマイザーごとポストフェーダーインサートスロットの最終段に配置するようにしましょう。

量子化ノイズ軽減処理の設定ポイント

　ビット解像度のダウンコンバートが必要になる具体的なケースとして考えられるのは、DAWの内部処理のビット解像度と、マスタリング時に最終的な完成形として書き出すオーディオファイルのビット解像度が異なる場合です。

　昨今のDAWの内部処理は32bit floatもしくは64bit floatで行われるのが主流です。対して、マスタリング後に書き出す際は、CDフォーマットのWAVやAIFF、MP3の場合は16bitですし、ハイレゾ音源でも24bitですので、ダウンコンバートせずに書き出すことの方が稀ということになります。

　ディザリングによる量子化ノイズ軽減処理時に必要となる設定パラメーターとしては、"ビット解像度"（Cubase ProのUV22HRではoutput bits）、"処理の強度"（同じくhi/lo）、"無音時のふるまい方"（同じくauto black）などがあります。

　"ビット解像度"は、書き出し後のファイルのビット解像度に合わせて設定します。"処理の強度"はディザノイズを加える量を設定するためにあります。ディザリングによる量子化ノイズ軽減処理の原理は、乱暴に言うと、ダウンコンバート時に発生する量子化ノイズに、ディザノイズ（特殊なスペクトルパターンを持つ別のノイズ）を加えて干渉させ、お互いに目立たなくさせるというものです。そのため、量子化ノイズの量に対して過大なディザノイズを加えてしまうと、ディザノイズの方が悪目立ちしてしまうこともあるわけです。そうならないように用意されているのが"処理の強度"パラメーターと言えます。また、何もしなければディザノイズはソースに対して常に一定の量で加えられます。となると、ソースの音量が無音に近づくにつれて、ここでもまたダウンコンバートによるノイズよりもディザノイズの方が目立つようになってしまいます。それを防ぐために、ソースのレベルに合わせてディザノイズのレベルを下げたり、無音部分にはディザノイズを発生させないための機能が用意されています。これが"無音時のふるまい方"パラメーターです。たとえばauto blackをオンにすると、ソースが無音の間はディザノイズを発生させません。

　さらに、量子化ノイズの軽減策にはノイズシェイピング処理もあります。ノイズシェイピングは、量子化ノイズそのものを人間の耳が聞こえにくい周波数まで引き上げて目立たなくする機能で、どの辺の周波数まで引き上げるかによって結果が異なります。Logic Proのバウンス機能に用意されているPOWr #2やPOWr #3は、このノイズシェイピングによる軽減処理になっています。

ディザのパラメーター設定や、ディザ処理とノイズシェイピング処理のどちらがより好結果を招くかは、ソースの内容や好みにもよるため、一概には言えません。ここにこだわりたいと考えるなら、ソースに合わせてそのつどいろいろな設定を試して聴き比べるのが一番です。前述のようにDAWには必ず量子化ノイズ軽減用のプラグインかそれに相当する機能が装備されていますが、アルゴリズムが異なる軽減処理プラグインを調達してみるのもいいでしょう。試用可能な製品版には、優れたアルゴリズムを持つディザリングプラグインとして評判となっている、A.O.M.のSakura Ditherを挙げておきます。

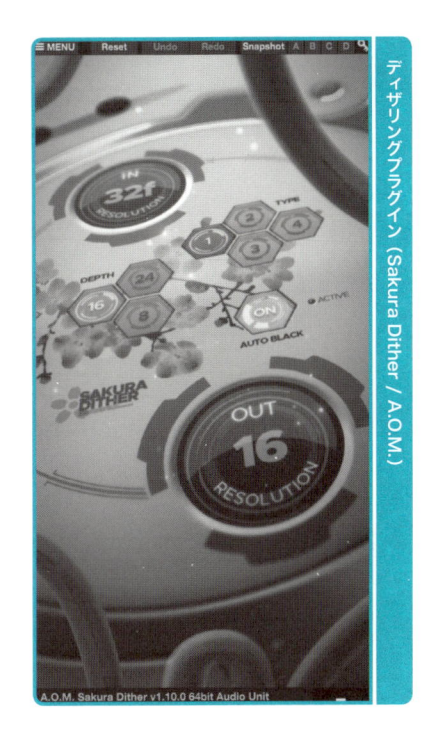

ディザリングプラグイン（Sakura Dither / A.O.M.）

ビット解像度変更に伴う量子化ノイズ対策

■量子化ノイズ軽減処理上の注意点

最後に1つ注意点として、量子化ノイズ軽減処理の2度がけ3度がけは絶対に避けるようにしましょう。ディザノイズによるノイズフロアの上昇や、ノイズシェイピングによる特定帯域への量子化ノイズの集中など、サウンドに悪影響しか与えないからです。

また、ミックス／マスタリング作業中はディザリングプラグインをインサートスロットに配置しないようにします。もし配置して機能がオンになっていたら、ディザリングプラグインはただのノイズ発生器になってしまいます。方式に関係なく、量子化ノイズ軽減プラグインの出番は、マスタリング作業終了後に、最終的な完成形としてオーディオファイルを書き出す際だけと心得れば間違いありません。

Add Note　マスタリングは耳を休ませながら

　マスタリングに慣れてくると、短時間で集中してマスタリングを仕上げてしまおうと考えることもあるかと思います。たとえば、いつまでに仕上げなければいけないという期日が決まっている際に、マスタリングに当てる時間をギリギリに設定してしまうといったケースです。

　実はこのような考え方には落とし穴があります。マスタリングにかかる時間は、何も作業している間だけではないのです。集中してマスタリング作業を行なっていると、段々と耳が麻痺してきて、客観的なリスニングができなくなってきます。そもそも正解を見出しにくいマスタリングという作業の中で、あれこれ試しているうちに迷路に迷い込んでしまい、精神的に煮詰まってしまうということもあるでしょう。その際は、いったん作業を中断して、リフレッシュしましょう。耳を休ませるためには、十分な時間（場合によっては日をまたいで）を取る必要があります。その間に、もしミックスやマスタリングの知識のある知人がいるならば、聴いてもらって客観的な意見を述べてもらうというのも手です。

　耳も心も十分に休ませてから、もう一度作業中の楽曲を聴いてみると、驚くほど新鮮な印象となり、良い部分、悪い部分が明瞭になってきます。場合によっては、ミックスに立ち返って作業すべき点も見つかるはずです。このプロセスを怠って慌てて完成に持ち込んで（リリースして）しまうと、後でさまざまな問題点が見つかり、ああすればよかった、こうすればよかったと後悔することになります。マスタリングの作業予定にはきちんと耳を休ませる時間を含めておき、常に十分な余裕を持たせたスケジューリングが肝要である、ということを忘れないでください

ミキシングの基礎
サウンドメイキングの基礎
サウンドメイキングの実際
ミキシングの実際
マスタリングの基礎

マスタリングの実際

APPENDIX

MIXING THEORY

MASTERING THEORY

Theory 08　2MIXファイルでマスタリングにトライ

　ここからは付録の2MIXファイルを使って、オーディオCD用のマスターファイル制作を体験してみることにします。作例用に用意したのは「ミキシングの実際」で行ったミックス作業の結果をミックスダウンした32bit float/44.1kHzサンプリングの2MIXファイル（FILE 186：2MIX_P）です。

　DAW上に、ステレオオーディオトラックとマスタートラックを作成し、オーディオトラックにこのオーディオファイルを配置してください。なお、どちらのトラックもフェーダーを0dB、パンをセンターの位置に設定しておきます。

　今回のマスタリングは、

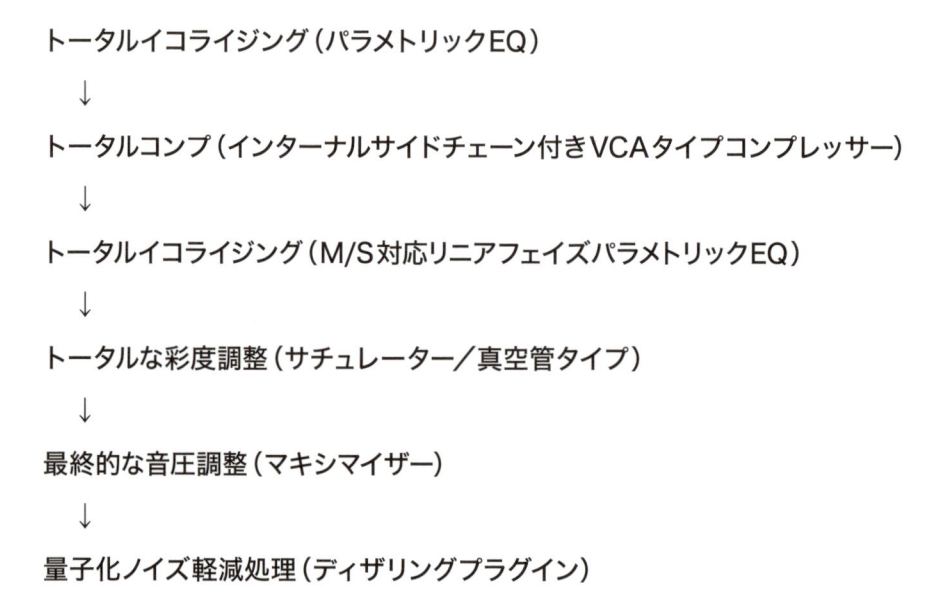

トータルイコライジング（パラメトリックEQ）
　↓
トータルコンプ（インターナルサイドチェーン付きVCAタイプコンプレッサー）
　↓
トータルイコライジング（M/S対応リニアフェイズパラメトリックEQ）
　↓
トータルな彩度調整（サチュレーター／真空管タイプ）
　↓
最終的な音圧調整（マキシマイザー）
　↓
量子化ノイズ軽減処理（ディザリングプラグイン）

というプロセスに従って進めます。

　マスタートラックに装備されているプリフェーダーインサートスロットの上段から

各エフェクトを配置し、最後のディザリングプラグインだけはポストフェーダーインサートスロットに配置します（配置完了後は、とりあえずすべてのエフェクトをバイパス状態にしておき、プロセスの進捗に合わせて1つずつオンにしていきます）。

　なお、作例と同一のプラグインエフェクトが用意できない場合は、適宜代替プラグインを用いて、掲載したパラメーター値を参照しながら設定を行ってください。またその際は、各プロセスごとに用意してある、そこまでの処理を反映させたオーディオファイルをリファレンスとして利用しながら、自分のDAW環境での結果をそのサウンドに近づけるようにします。

　マスタリングというと、どうしても音圧を上げることにフォーカスされがちですが、それ以前のトリートメントも重要です。マキシマイザーだけに頼った安直な音圧アップでは、「ミキシングの実際」で行った、パンチのあるドラムや存在感のあるボーカル、上下左右の広がりを感じさせる空間設定が施されているミックスを、台無しにしてしまう可能性も少なくありません。せっかくの作品が最後の最後ですべてぶち壊し……とならないためにも、1つ1つのプロセスに明確な役割を持たせ、ていねいに仕上げていきましょう。

● トータルイコライジング（パラメトリックEQ）

FILE187：2MIX＋EQ1	
プラグイン	frequency / Cubase Pro
タイプ	汎用パラメトリック
パラメーター	20Hz（ローカット）
	2kHz：−5.3dB（ピーク）
	2.2kHz：−6dB（ピーク）
	3.5kHz：＋2.4dB（ハイシェルフ）
	20kHz（ハイカット）

ハイカットとローカットを含め、合計5バンド以上を装備する汎用パラメトリックEQを使用。まず不要部分として20Hz以下のローカットを行いました。また、2kHzと2.2kHzに耳障りなピークが発生していたため、ピンポイント（Qを最大値に設定）でそれぞれ5.3dBと6dBカット。さらに20kHz以上の超高域についてハイカットしてみたところ、全体の音の密度が高まったように感じられたため、ここもカットしました。バランスの微調整として、もう少しだけ高域の伸びが欲しいと感じたので、3.5kHzからハイシェルフで2.4dBブーストしています。

● トータルコンプ（インターナルサイドチェーン付きVCAタイプコンプレッサー）

FILE188：2MIX+EQ1+CMP	
プラグイン	Vertigo VSC-2 / BRAINWORX
タイプ	VCA
パラメーター	レシオ：2：1
	アタック：30ms
	リリース：0.3s
	ゲインリダクションの目安：−1〜−2dB

ミックスバス向きのコンプレッサーとしてインターナルサイドチェーン機能を備えたVCAタイプを選択。ちなみにここで用いている**Vertigo VSC-2**は同名の実機をモデルとしたプラグインで、実機の方はVCAコンプレッサーのメルセデスと呼ばれる名機です。レシオは2：1、アタックは30ms、リリースは0.3s（＝300ms）、ゲインリダクションが−1〜−2dB程度になるようスレッショルドを調整。ゲインリダクションで下がった音量を補うようにアウトプットゲインを2dB上げました。60Hzと90Hzから選択できるインターナルサイドチェーンのローカットフィルターは60Hzとし、コンプレッションがキックに引っ張られないようにしています。

これはVCAタイプのコンプレッサーをマスタリングで使用する際の定番セッティングで、劇的な変化はありません（むしろ起こしてはいけないことです）が、まとまり感が出せる上に、ボーカルの存在感も増すはずです。

⬤ トータルイコライジング（M/S対応リニアフェイズEQ）

FILE 189：2MIX＋EQ1＋CMP＋EQ2	
プラグイン	Linear Phase EQ / IK MULTIMEDIA
タイプ	リニアフェイズパラメトリック、M/S処理対応
パラメーター（ミッド）	110Hz：＋2dB（ローシェルフ）
	1.7kHz：＋2dB（ピーク）
	アウトプット：±0dB
パラメーター（サイド）	92Hz（ローカット）
	8.3kHz：＋2dB（ハイシェルフ）
	アウトプット：＋2dB

M/S対応のリニアフェイズパラメトリックEQを使用しました。ここで用いたIK MULTIMEDIAの**Linear Phase EQ**は、ミッドとサイドに個別設定が可能な完全2系統タイプであり、手っ取り早くM/S処理を行うことができます。

　まずはサイド側のアウトプットを2dB上げ、左右の広がりと迫力を増やします。その結果、相対的にセンターに定位されているパートの成分が減少し、それらが引っ込んだ感じになるため、ミッド側ではボーカルの抜けに関わる1.7kHzを2dB、キックとベースの帯域である110Hz以下をローシェルフで2dB、それぞれブースト。その後、再びサイド側の調整に戻り、やや深めの92Hzまでローカットを行います。タムの迫力が削がれない程度が目安です。最後に、高域の広がりを若干増したかったので、8.3kHzからハイシェルフで2dBブーストして仕上げました。

トータルな彩度調整（サチュレーター／真空管タイプ）

FILE190：2MIX＋EQ1＋CMP＋EQ2＋SAT	
プラグイン	Tube Saturator Vintage / Wave Arts
タイプ	真空管サチュレーション
パラメーター	EQ：OFF
	FAT：OFF
	DRIVE：4
	OUTPUT：±0dB

　アナログテイストを付加するための彩度調整として、フリーウェアである真空管タイプのサチュレーター、Wave Artsの**Tube Saturator Vintage**を使用しています。DRIVEを4まで回すとほどよく倍音が加えられ、全体的に音像が引き締まったような印象を得ることができました。

 最終的な音圧調整（マキシマイザー）

FILE191：2MIX＋EQ1＋CMP＋EQ2＋SAT＋MAX	
プラグイン	FG-X / SLATE DIGITAL
パラメーター	FG COMP：OFF
	FG LEVEL：ON
	TRANSIENTS：LO PUNCH/4　DETAIL/2.8
	GAIN：3.6〜6dB
	DYNAMIC PERCEPTION：2.3
	ITP：0.0
	CEILING SETTING：−0.3dB
	DITHER：OFF

　最終的な音圧の調整にはSLATE DIGITAL **FG-X**をチョイスしました。これはコンプレッサー（FG COMP）とマキシマイザー（FG LEVEL）の2段で構成されているプラグインですが、すでに前段でコンプレッサーをかけているため、ここではコンプレッサー回路をオフにしておきます。また、**FG-X**は本来マスタリングに必要とされる機能の集合体……マスタリングスイートとして使用されるプラグインであり、ディザリング機能も用意されています。今回は別のプラグインでディザ処理を行うためこの機能もオフにして、単にマキシマイザーとして利用します。

　加える音圧の値は、好みに合わせて3.6dB〜6dBの間で設定すればいいでしょう（作例では6dBにしてあります）。ここでのマスタリングはオーディオCD用のマスターファイル作成を目的にしたものですので、シーリングは−0.3dBとしました。他のマキシマイザーを利用する場合も、設定としては基本的にこれでOKです。

　ただし、ここではさらに最適な結果を目指して、TRANSIENTSセクションで、キックの存在感を増すためにLO PUNCHを4、スネアの存在感を増すためにDETAILを2.8に設定。さらにDYNAMIC PERCEPTIONを2.3として、マキシマイザーで失われがちなダイナミクス感を付加してあります。なお、これらは**FG-X**固有のパラメーターですので、使用するマキシマイザーに同様の役割を果たすパラメーターが用意されていない場合は無視してください。

🔵 量子化ノイズ軽減処理（ディザリングプラグイン）

FILE192：2MIX＋EQ1＋CMP＋EQ2＋SAT＋MAX＋DIZ	
プラグイン	UV22HR / Cubase Pro
タイプ	ディザ処理
パラメーター	Otuput Bits：16
	Dither Level：hi
	auto black：ON

現状の32bit float/44.1kHzサンプリングの2MIXファイルに施したマスタリング作業は、最終的にCD-DA規格（16bit/44.1kHz）にダウンコンバートしなければ、オーディオCD用マスターファイルにはなりません。ビット解像度の下方変換を伴うダウンコンバートの際には必ず量子化ノイズが発生しますので、ノイズ軽減対策としてここではディザ処理を行うことにしました。

作例に使用したのはCubase Proに標準バンドルされるUV22HRですが、ディザリングプラグインのパラメーターは基本的に同様になっています。ここではコンバートするビット解像度（UV22HRではoutput bits）はCD-DA規格の16ビットにし、ディザノイズを加える量（同じくhi/lo）はhi、無音時のふるまい方（同じくauto black）はONに設定します。

▼

これでバウンス直前までのマスタリング作業は終了です。最後にDAW上に配置されている2MIXファイルをすべて含むように対象範囲を選択したら、16bit/44kHzのステレオWAV（またはAIFF）フォーマットでバウンスを行います。

より安全を期すならば、ファイル冒頭と末尾にプチノイズが入らないように、ファイル冒頭から直後にかけて– ∞からの短いフェードイン、末尾直前から末尾にかけて– ∞への短いフェードアウトを、マスターフェーダーへのオートメーションに設定しておくといいでしょう（これはファイルの最初と最後を完全に無音にするための念押しのような設定です）。

バウンスを実行すれば、オーディオCD用マスターファイルが完成します。

MIXING THEORY

ミキシングの基礎
サウンドメイキングの基礎
サウンドメイキングの実際
ミキシングの実際

マスタリングの基礎
マスタリングの実際

APPENDIX

MASTERING THEORY

NOTE NUMBER / FREQUENCY CORRESPONDENCE TABLE

EQを使用するときには、耳からの印象だけではなく実際の音の高さを把握することで、より適切な設定が可能になります。ここでは、その際の参考資料としてMIDIノートナンバーと周波数の対応を一覧表にしました。なお、この表ではピアノの鍵盤の真ん中にあるドの音をノートナンバー60/C4としています。また周波数は69/A4を440Hzとし、小数点以下2桁で四捨五入した数値に丸めてあります。

No.	音名	周波数（Hz）	No.	音名	周波数（Hz）
0	C-1	8.2	16	E0	20.6
1	C#-1	8.7	17	F0	21.8
2	D-1	9.2	18	F#0	23.1
3	D#-1	9.7	19	G0	24.5
4	E-1	10.3	20	G#0	26.0
5	F-1	10.9	21	A0	27.5
6	F#-1	11.6	22	A#0	29.1
7	G-1	12.2	23	B0	30.9
8	G#-1	13.0	24	C1	32.7
9	A-1	13.8	25	C#1	34.6
10	A#-1	14.6	26	D1	36.7
11	B-1	15.4	27	D#1	38.9
12	C0	16.4	28	E1	41.2
13	C#0	17.3	29	F1	43.7
14	D0	18.4	30	F#1	46.2
15	D#0	19.4	31	G1	49.0

No.	音名	周波数
32	G#1	51.9
33	A1	55.0
34	A#1	58.3
35	B1	61.7
36	C2	65.4
37	C#2	69.3
38	D2	73.4
39	D#2	77.8
40	E2	82.4
41	F2	87.3
42	F#2	92.5
43	G2	98.0
44	G#2	103.8
45	A2	110.0
46	A#2	116.5
47	B2	123.5
48	C3	130.8
49	C#3	138.6
50	D3	146.8
51	D#3	155.6
52	E3	164.8
53	F3	174.6
54	F#3	185.0
55	G3	196.0

No.	音名	周波数
56	G#3	207.7
57	A3	220.0
58	A#3	233.1
59	B3	246.9
60	C4	261.6
61	C#4	277.2
62	D4	293.7
63	D#4	311.1
64	E4	329.6
65	F4	349.2
66	F#4	370.0
67	G4	392.0
68	G#4	415.3
69	A4	440.0
70	A#4	466.2
71	B4	493.9
72	C5	523.3
73	C#5	554.4
74	D5	587.3
75	D#5	622.3
76	E5	659.3
77	F5	698.5
78	F#5	740.0
79	G5	784.0

NOTE NUMBER / FREQUENCY CORRESPONDENCE TABLE

No.	音名	周波数	No.	音名	周波数
80	G♯5	830.6	104	G♯7	3322.4
81	A5	880.0	105	A7	3520.0
82	A♯5	932.3	106	A♯7	3729.3
83	B5	987.8	107	B7	3951.1
84	C6	1046.5	108	C8	4186.0
85	C♯6	1108.7	109	C♯8	4434.9
86	D6	1174.7	110	D8	4698.6
87	D♯6	1244.5	111	D♯8	4978.0
88	E6	1318.5	112	E8	5274.0
89	F6	1396.9	113	F8	5587.7
90	F♯6	1480.0	114	F♯8	5919.9
91	G6	1568.0	115	G8	6271.9
92	G♯6	1661.2	116	G♯8	6644.9
93	A6	1760.0	117	A8	7040.0
94	A♯6	1864.7	118	A♯8	7458.6
95	B6	1975.5	119	B8	7902.1
96	C7	2093.0	120	C9	8372.0
97	C♯7	2217.5	121	C♯9	8869.8
98	D7	2349.3	122	D9	9397.3
99	D♯7	2489.0	123	D♯9	9956.1
100	E7	2637.0	124	E9	10548.1
101	F7	2793.8	125	F9	11175.3
102	F♯7	2960.0	126	F♯9	11839.8
103	G7	3136.0	127	G9	12543.9

STRINGS/BRASS ENSEMBLE PANNING

　ストリングスやブラスアンサンブルを各楽器ごとにパートを分けて制作する際には、各楽器の定位設定が必要になります。基本的にはバランス優先で自由に決めてかまわないのですが、ここでは最もオーソドックスと言えるものを紹介します。

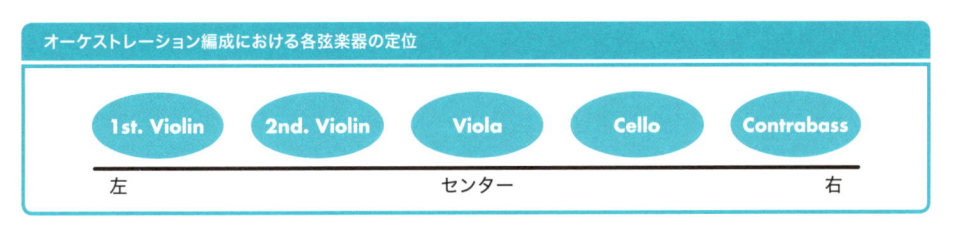

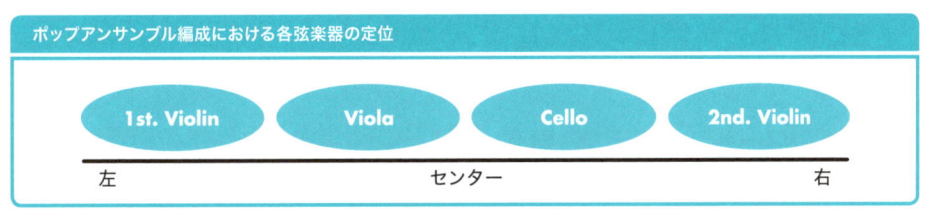

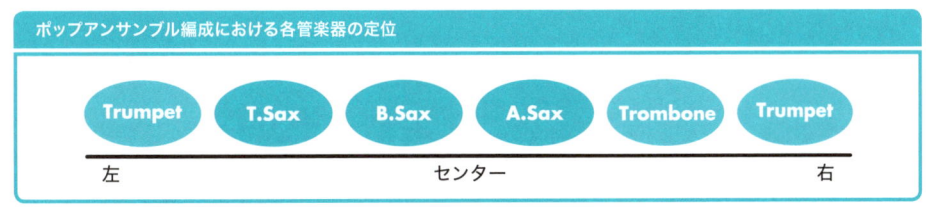

SAMPLE PLUG IN INDEX

　資料として、本書の解説内で使用したDAW標準バンドル以外のプラグインエフェクトをアルファベット順にまとめました。掲載してあるプラグインエフェクトのすべてがフリーウェアまたは試用可能な製品版であり、機種ごとにダウンロードページ（トップ）のURLも付記してありますので、ダウンロードの際にお役立てください（プラグインエフェクトの使用可能条件とURLは、いずれも2019年9月末の状況に基づいたものです。

　またインデックスの内容をPDF化したものを付録オーディオファイルと同じフォルダに収録してあります。このPDFはURLをクリックするだけで目的のページにジャンプできる仕様になっています）。

⏱ ダウンロードを行う前の注意点

　こういったプラグインエフェクトのダウンロードには、ほとんどの場合、メーカーまたはダウンロード元へのユーザーアカウント登録が要求されます。ユーザーアカウントに登録すると、基本的にそのメーカーやダウンロード元からのニュースレターがメールで送付されるようになります。これらの事実については、前もって認識しておく必要があります（ニュースレターの配信を望まない場合は、メーカーによってはアカウント設定によってニュースレターの送付を断ることができますし、それができない場合でも、メールブラウザ側の受信フィルター設定で自動アーカイブ／自動削除してしまうなどの対策を講じることが可能です）。

　ダウンロードしたプラグインエフェクトや、それらを使用するために必要な管理ソフトがパソコン内のどのフォルダにインストールされるかは、macOS/Windows、VST2/VST3、AU、AAXの各ケースで異なります。インストーラ方式になっている場合は、自動的に適切な階層の適切なフォルダに収録されます。

　一方、手動で目的のフォルダにプラグインエフェクトをドラッグ＆ドロップするタイプの場合は、DAWのマニュアルを参照して自分の環境における正しいフォルダに収録するようにしてください。著者／出版社とも、インストーラの操作方法や、メーカー個別の管理ソフトの操作方法などには責任ある回答ができませんので、あらかじめご了承願います（インストールや使用に伴う操作方法については、ほとんどの場合、メーカーホームページ／ダウンロードページに記載されています）。

　インストールしたプラグインエフェクトは、DAWの再起動だけでDAW上からの使用が可能になるものと、OS自体の再起動で使用可能になるものがあります。万全を期すならば、インストール後にOSの再起動を行うことをおすすめします。

　また、ここに掲載しているプラグインエフェクトは、macOS版のLogic ProおよびmacOS/Windows版のCubase Pro、Studio One Professional、ProTools Software、Digital Performerで検証を行い、動作を確認していますが、必ずしもあらゆるシステム環境下での動作を完全に保証するものではありません。インストールが正しく行われているにもかかわらず、そのプラグインエフェクトが利用できない場合の対処法については、メーカーまたはダウンロード元へおたずねください。

● よくある約束事ですが、ダウンロードは自己責任で

　最後に大切なことですが、万が一、プラグインエフェクトのダウンロードによってDAW上やコンピューター上でトラブルが発生した場合、著者／出版社ともその責任は負いかねますので、ダウンロードは自己責任による判断で行ってください。

　もちろん現実的な面から言えばダウンロードしたことによってトラブルが発生するケースなど滅多にあることではありませんし、読者のみなさんが必要以上に不安になることはないのですが、人間がプログラムしたものである以上、思いもよらぬバグが存在する可能性がゼロとまでは言い切れないため、一応断り書きとして記載しておきます。

A1StereoControl / ALEX HILTON

種別　ステレオイメージャー

備考　フリーウェア

URL　http://www.alexhilton.net/A1AUDIO/index.php/downloads

APHEX VINTAGE AURAL EXCITER / WAVES

種別　エキサイター

備考　試用可能な製品版、Waves Central（管理ソフト）のダウンロードも必要

URL　https://www.waves.com/plugins/aphex-vintage-aural-exciter#aphex-

　　　vintage-aural-exciter-tutorial

BLACK 76 / IK MULTIMEDIA

種別　FETタイプコンプレッサー

備考　試用可能な製品版、T-RackS 5 Custom Shopを通じて利用可能

URL　https://www.ikmultimedia.com/products/tr5cs/?pkey=t-racks-custom-shop

CLA-2A / WAVES

種別　オプトタイプコンプレッサー

備考　試用可能な製品版、Waves Central（管理ソフト）のダウンロードも必要

URL　https://www.waves.com/plugins/cla-2a-compressor-limiter?gclid=

　　　EAlaIQobChMI0bnviL2d5AIVhmkqCh0GsQnQEAAYASAAEgJkDfD_BwE

CLA-3A / WAVES

種別	オプトタイプコンプレッサー
備考	試用可能な製品版、Waves Central（管理ソフト）のダウンロードも必要
URL	https://www.waves.com/plugins/cla-3a-compressor-limiter?gclid= EAIaIQobChMIoNWA7u-d5AIVF3ZgCh2U0Q2xEAAYASAAEgIPYPD_BwE

CLA-76 / WAVES

種別	FETタイプコンプレッサー
備考	試用可能な製品版、Waves Central（管理ソフト）のダウンロードも必要
URL	https://www.waves.com/plugins/cla-76-compressor-limiter?gclid= EAIaIQobChMIsJ2n89Gd5AIVVbaWCh2bFQzpEAAYASAAEgIlJ_D_BwE

dp Meter IV / TBProAUDIO

種別	ラウドネスメーター
備考	フリーウェア
URL	https://www.tb-software.com/TBProAudio/dpmeter4.html

e2 deesser / eiosis

種別	ディエッサー
備考	試用可能な製品版、要iLok2以降
URL	https://www.eiosis.com/e2deesser

FG-N / SLATE DIGITAL

種別	ビンテージタイプパラメトリックEQ
備考	試用可能な製品版、要iLok2以降、VMR2.0-MIX BUNDLE ONEとしてダウンロード
URL	https://www.slatedigital.com/virtual-mix-rack/

SAMPLE PLUG IN INDEX

MIXING

MASTERING

FG-X / SLATE DIGITAL

種別　マキシマイザー

備考　試用可能な製品版、要iLok 2以降

URL　https://www.slatedigital.com/fg-x-mastering-processor/

FREQANALYST / BLUE CAT AUDIO

種別　スペクトラムアナライザー

備考　フリーウェア

URL　https://www.bluecataudio.com/Products/Product_FreqAnalyst/

La Petite Excite / Fine Cut Bodies

種別　エキサイター

備考　フリーウェア、AAX未対応

URL　http://www.finecutbodies.com/?p=sound

Linear Phase EQ / IK MULTIMEDIA

種別　リニアフェイズEQ

備考　試用可能な製品版、T-RackS 5 Custom Shopを通じて利用可能、

　　　M/S並列処理対応

URL　https://www.ikmultimedia.com/products/tr5cs/

　　　?pkey=t-racks-custom-shop

Loud Max / Thomas Mundt

種別　マキシマイザー

備考　フリーウェア、AAX未対応

URL　https://loudmax.blogspot.com/

Marvel GEQ / Voxengo

種別　グラフィックEQ

備考　フリーウェア

URL　https://www.voxengo.com/product/marvelgeq/

MCompressor / Melda Production

種別　汎用コンプレッサー

備考　フリーウェア、MFreeFXBundleとして一括ダウンロード、M/S処理対応

URL　https://www.meldaproduction.com/MFreeFXBundle

MConvolutionEZ / Melda Production

種別　コンボリューションリバーブ

備考　フリーウェア、MFreeFXBundleとして一括ダウンロード

URL　https://www.meldaproduction.com/MFreeFXBundle

NOVA / TOKYO DAWN RECORDS

種別　ダイナミックEQ

備考　フリーウェア

URL　https://www.tokyodawn.net/tdr-nova/

PUIG CHILD 670 / WAVES

種別　真空管タイプコンプレッサー

備考　試用可能な製品版、Waves Central（管理ソフト）のダウンロードも必要

URL　https://www.waves.com/plugins/puigchild-compressor#jack-joseph-

　　　puig-puigchild-compressor-limiter

Pro-MB / Fabfilter

種別　マルチバンドコンプレッサー

備考　試用可能な製品版

URL　https://www.fabfilter.com/products/pro-mb-multiband-compressor-plug-in

RELAYER / UVI

種別　マルチタップディレイ

備考　試用可能な製品版

URL　https://www.uvi.net/jp/effects/relayer.html#trial

Renaissance DeEsser / WAVES

種別　ディエッサー

備考　試用可能な製品版、Waves Central（管理ソフト）のダウンロードも必要

URL　https://www.waves.com/plugins/renaissance-deesser?gclid=

　　　EAIaIQobChMI0ZWdydCf5AIVGD5gCh1J8gHjEAAYASAAEgI4ffD_BwE

Sakura Dither / A.O.M.

種別　ディザリング

備考　試用可能な製品版

URL　https://aom-factory.jp/ja/products/sakura-dither/

Saturation Knob / Softube

種別　真空管タイプサチュレーター

備考　フリーウェア

URL　https://www.softube.com/saturationknob#/

Saturator X / IK MULTIMEDIA

種別 マルチサチュレーター

備考 試用可能な製品版、T-RackS 5 Custom Shopを通じて利用可能

URL https://www.ikmultimedia.com/products/tr5cs/?pkey=t-racks-custom-shop

SCHEPS 73 / WAVES

種別 ビンテージタイプパラメトリックEQ

備考 試用可能な製品版、Waves Central（管理ソフト）のダウンロードも必要、

M/S並列処理対応

URL https://www.waves.com/plugins/scheps-73?gclid=

EAlaIQobChMI7aSMoeGf5AlVi6qWCh1X8ARvEAAYASAAEglxRPD_

BwE#scheps-73-eq-overview

SOLID BUS COMP / NATIVE INSTRUMENTS

種別 VCAタイプコンプレッサー

備考 試用可能な製品版

URL https://www.native-instruments.com/jp/products/komplete/effects/

solid-bus-comp/

SPAN / Voxengo

種別 レベルメーター

備考 フリーウェア

URL https://www.voxengo.com/product/span/

SSL G-Master Buss Compressor / WAVES

種別	VCAタイプコンプレッサー
備考	試用可能な製品版、Waves Central（管理ソフト）のダウンロードも必要
URL	https://www.waves.com/plugins/ssl-g-master-buss-compressor

SUPERCHARGER / NATIVE INSTRUMENTS

種別	ミックスパラメーター付き真空管タイプコンプレッサー
備考	フリーウェア
URL	https://www.native-instruments.com/jp/products/komplete/effects/supercharger/

Tape Machine 440 / IK MULTIMEDIA

種別	磁気テープタイプサチュレーター
備考	試用可能な製品版、T-RackS 5 Custom Shopを通じて利用可能
URL	https://www.ikmultimedia.com/products/tr5cs/?pkey=t-racks-custom-shop

TD PLUS / SPL

種別	トランジェントシェイパー
備考	試用可能な製品版
URL	https://www.plugin-alliance.com/en/products/spl_transient_designer_plus.html

Tempo Delay / Voxengo

種別	ピンポンディレイ
備考	フリーウェア
URL	https://www.voxengo.com/product/tempodelay/

Tube Saturator Vintage / Wave Arts

種別　真空管タイプサチュレーター

備考　フリーウェア

URL　https://wavearts.com/products/plugins/tube-saturator-vintage/

VC 76 / NATIVE INSTRUMENTS

種別　FETタイプコンプレッサー

備考　試用可能な製品版

URL　https://www.native-instruments.com/jp/products/komplete/effects/vc-76/

Vertigo VSC-2 / BRAINWORX

種別　VCAタイプコンプレッサー

備考　試用可能な製品版

URL　https://www.plugin-alliance.com/en/products/vertigo_vsc-2.html

Vintage Tube Compressor/Limiter Model 670 / IK MULTIMEDIA

種別　真空管タイプコンプレッサー

備考　試用可能な製品版、T-RackS 5 Custom Shopを通じて利用可能、

　　　M/S並列処理対応

URL　https://www.ikmultimedia.com/products/tr 5cs/?pkey=t-racks-custom-shop

White 2A / IK MULTIMEDIA

種別　オプトタイプコンプレッサー

備考　試用可能な製品版、T-RackS 5 Custom Shopを通じて利用可能

URL　https://www.ikmultimedia.com/products/tr 5cs/?pkey=t-racks-custom-shop

W O R D   I N D E X

A

A 1StereoControl 102, 156
ADT 92
APHEX VINTAGE AURAL EXCITER 100
ATSC 175
AUXトラック 27, 31

B

BF76 67
Binaural Pan 102
BLACK76 67
British Mode 68

C

CLA-2A 72, 73, 120, 122, 125
CLA-3A 117, 118, 150, 151
CLA-76 104, 105, 106, 107, 108, 109, 122,
    129, 131, 132, 134, 141, 145, 159, 162, 165
Color Without Compression 68
compressor 144
Compressor 68, 69

D

da tube 99, 185
dB/oct 42
dBTP 176, 199
deesser 98, 129, 131, 133, 134
distortion 110
dp Meter IV 175, 176, 200
Dr.Pepper 68
DYN3 COMPRESSOR/LIMITER 55, 61,
    62, 181, 182

DYNAMIC EQUALIZER 46

E

e2 deesser 98
EBU 175
envelope shaper 101
EQカーブのタイプ 41
Exciter 100
EXTサイドチェーン 34, 35, 36, 37

F

FETタイプ 66, 67, 68, 186
FG-N 115, 116, 129, 131, 133, 134, 148, 159,
    163, 165
FG-X 210, 211
FREQANALYST 48, 49
frequency 104, 105, 106, 107, 108, 109, 110,
    111, 112, 113, 114, 117, 118, 119, 120, 122,
    123, 124, 125, 126, 127, 128, 129, 131, 132,
    134, 140, 141, 144, 145, 146, 147, 150, 151,
    153, 155, 156, 157, 159, 162, 164, 179, 195,
    207
FXチャンネルトラック 27, 88

G

geq-10 47
geq-30 47
glue 180
Grit 68
Groove Delay 96, 97

I

Integrated 176
Invert 190
IRリバーブ 86

L

La Petite Excite 141, 143, 159, 161
LAT（ミドル）187
LEVELER 71, 72
Linear Phase EQ 44, 45, 209
LKFS 175
Loud Max 200
LU 49, 101, 175, 219
LUFS 175

M

magnetoⅡ 99, 183, 184
Marvel GEQ 48
maximizer 198, 199
MCompressor 196, 197
MConvolutionEZ 87
Momentary 176
mono delay 89, 90, 153, 159
M/S処理 14, 174, 187, 188, 195, 196
multiband compressor 64, 65

N

NOVA 46, 119, 120

P

Pan Law 25
pingpong delay 95
POWr #1 201
POWr #2 202
POWr #3 202

Pro EQ

Pro EQ 40, 41, 42, 48, 49
Pro-MB 65, 66
PUIGCHILD 670 70, 111, 113, 114, 119, 123, 128, 146, 147

Q

Qの値 42, 43, 177, 178

R

RELAYER 96, 97
Renaissance DeEsser 159, 161, 163, 165
revelation 140
reverence 86, 87, 143, 162
RMS 173, 174, 176, 198, 200
roomworks 79

S

Sakura Dither 203
Saturation Knob 99, 127, 128, 155, 156, 185
Saturator X 186
SCHEPS 73 195, 196
Short Term 176
SOLID BUS COMP 69
SPAN 173, 174, 200
SSL G-Master Buss Compressor 115, 116, 148, 180
SUPERCHARGER 75

T

Tape Machine 440 184
TD PLUS 101
Tempo Delay 96
Tube Saturator Vintage 141, 143, 157, 158, 185, 210

WORD INDEX

U

UV22HR 201, 202, 211, 212

V

VC76 111, 112, 124, 126, 140, 153
VCAタイプ 68, 69, 76
Vertigo VSC-2 208
VERT（サイド） 187
Vintage Graphic EQ 47
Vintage Tube Compressor/Limiter Model 670 195, 196

W

White 2A 126, 129, 131, 132, 134, 159, 162, 165

ア

アーリーリフレクション 82
アウトプットゲイン 55, 61, 62
アタック 55, 57, 58, 59
アッテネーション 199

イ

イコライジングポイント 52
位相反転処理 190, 191, 193
一般的な定位設定（パンニング）の概念 23
インサート方式でのリバーブ 78
インターナルサイドチェーン 62, 63, 64, 72, 182
インバート 190
インプットフィルター 83, 84
インプットレベル 68, 71

ウ

ウィズ 81

エ

エキサイター 15, 99, 100

オ

オプトタイプ 71, 72, 73, 76

キ

基音 50

ク

グラフィックEQ 40, 47, 48
グリット 68
クリッピング 20, 21
グルー 180
グループチャンネルトラック 31

ケ

ゲインリダクション 61, 62
減衰率 42

コ

コリレーションメーター 173, 174
コンボリューションリバーブ 86, 87

サ

サイズ 80
サウンドトリートメント 170, 171
サウンドメイキング 15, 16, 37, 104, 178, 183
サチュレーター 15, 68, 71, 98, 99, 100, 183, 184, 185, 186
サブミックストラック 31
サンプリングリバーブ 86
サンプリングレート 38
サンプルピーク 173

シ

シーリング　176, 198, 199
真空管／FETサチュレーション　183, 185, 186
真空管タイプ　70, 71, 75, 99, 185, 186, 187, 210

ス

ステレオイメージャー　14, 24, 96, 102, 174
ステレオトラックでの定位　24
スペクトラムアナライザー　48, 49, 173, 177
スレッショルド　54, 55, 56

セ

センドトラック　27, 28, 30, 31, 34, 77, 84, 88, 93, 139
センドパン　30, 31, 156
センド方式でのリバーブ　77, 78
センドルーティング　26, 27, 28, 29, 30, 32, 33, 34, 77

ソ

ソフトニー　60, 61

タ

ダイナミックEQ　45, 46, 65
ダブリング　92

テ

定位　14, 22
ディエッサー　97, 98
ディザノイズ　202, 203
ディザリング　201, 202, 203, 207
ディフュージョン　81, 83
ディレイ　14, 79, 89, 90, 91, 92, 93, 95, 96
ディレイタイム　90, 91, 93, 94, 96
テープサチュレーション　183, 184, 185

デ

デンシティ　83

ト

トゥルーピーク　176, 199
トータルイコライジング　177, 178, 179, 207, 209
トータルコンプ　180, 181, 182, 208
ドクターペッパー　68
トランジェントシェイパー　14, 100, 101

ニ

ニー　55, 59
ニューヨークコンプ　74

ノ

ノイズシェイピング　202, 203
ノンリニアリバーブ　85

ハ

ハース効果　94, 95
ハードニー　60, 61
バイアス設定　184
倍音　15, 50, 70, 71, 98, 100, 178
ハイカット　40
ハイシェルフ　40
ハイダンピング　84
ハイパス　40
バストラック　14, 21, 31, 32, 33, 61, 63, 64, 68, 69, 74, 75, 138, 194
バスルーティング　31, 32, 33
パラメトリックEQ　40
パラレルコンプ　74, 75
パラレルルーティング　74, 75
パン　14, 22

ヒ

ピーク（ベル） 40
非インターリーブドステレオ 188
ビット解像度 38, 171, 188, 189, 198, 201, 202
ピンポンディレイ 95, 96

フ

フィードバック 91, 92, 93, 94
浮動小数点処理 38
ブリティッシュモード 68
プリディレイ 79
プリフェーダーセンド 28, 29, 37
プレートリバーブ 85

ホ

ホールリバーブ 85
ポストフェーダーセンド 28, 37
ポンピング 64, 76

マ

マキシマイザー 14, 19, 170, 176, 180, 182, 198, 199, 200, 201, 207
マルチタップディレイ 96, 97
マルチバンドコンプ 45, 64, 65, 66
マルチモノ 188

ミ

ミキシングの三大要素と調整ポイント 15

メ

メイクアップゲイン 62

モ

モニタリング環境 17, 172

モノ（合計済） 189

ラ

ラウドネス 175, 176
ラウドネスメーター 175, 176

リ

リニアフェイズEQ 43, 44, 45
リバーブタイム 80
量子化ノイズ 171, 173, 201, 202, 203, 211
リリース 55, 57, 58, 59

ル

ルームリバーブ 85

レ

レシオ 54, 56, 57
レベルメーター 21, 61, 173, 174

ロ

ローカット 40
ローシェルフ 40
ローダンピング 84
ローパス 40

ワ

ワウ／フラッター 184

AUDIO FILE INDEX

MIXING THEORY FOLDER

FILE01　　ミックス処理前
FILE02　　ミックス処理後
FILE03　　EXTサイドチェーン未設定時
FILE04　　EXTサイドチェーン設定時
FILE05　　EQ処理前
FILE06　　EQ処理後
FILE07　　Qの値を大きく設定
FILE08　　Qの値を小さく設定
FILE09　　通常の静的なEQ処理
FILE10　　ダイナミックEQ処理
FILE11　　コンプレッション前
FILE12　　コンプレッション後
FILE13　　コンプレッサーをかける前と処理後の音量差／メイクアップなし
FILE14　　コンプレッサーをかける前と処理後の音量差／メイクアップあり
FILE15　　インターナルサイドチェーン未設定時
FILE16　　インターナルサイドチェーン設定時
FILE17　　ポンピングの実例
FILE18　　FETコンプレッション前
FILE19　　FETコンプレッション後
FILE20　　VCAコンプレッション前
FILE21　　VCAコンプレッション後
FILE22　　真空管コンプレッション前
FILE23　　真空管コンプレッション後
FILE24　　オプトコンプレッション前
FILE25　　オプトコンプレッション後
FILE26　　EQ→コンプレッサー
FILE27　　コンプレッサー→EQ
FILE28　　ノーマルコンプ
FILE29　　パラレルコンプ
FILE30　　リバーブなし

FILE 31 リバーブあり
FILE 32 プリディレイなし
FILE 33 プレイディレイあり
FILE 34 ディフュージョン小
FILE 35 ディフュージョン大
FILE 36 アーリーリフレクションレベル小
FILE 37 アーリーリフレクションレベル大
FILE 38 インプットフィルター未設定
FILE 39 インプットフィルター設定済
FILE 40 ダンピング未設定
FILE 41 ダンピング設定済
FILE 42 ホールリバーブ（ドライ）
FILE 43 ホールリバーブ（ウェット）
FILE 44 プレートリバーブ（ドライ）
FILE 45 プレートリバーブ（ウェット）
FILE 46 ルームリバーブ（ドライ）
FILE 47 ルームリバーブ（ウェット）
FILE 48 ノンリニアリバーブ（ドライ）
FILE 49 ノンリニアリバーブ（ウェット）
FILE 50 コンボリューションリバーブ（ドライ）
FILE 51 コンボリューションリバーブ（ウェット）
FILE 52 ディレイなしフレーズ
FILE 53 ディレイありフレーズ
FILE 54 テンポ変更前のディレイ効果
FILE 55 テンポ変更後のディレイ効果
FILE 56 テンポ同期モードでのディレイ効果（テンポ＝速）
FILE 57 テンポ同期モードでのディレイ効果（テンポ＝遅）
FILE 58 ディレイによるダブリング処理前
FILE 59 ディレイによるダブリング処理後
FILE 60 ディレイによるステレオ処理前
FILE 61 ディレイによるステレオ処理後
FILE 62 ハース効果設定前
FILE 63 ハース効果設定後
FILE 64 ピンポンディレイ処理前
FILE 65 ピンポンディレイ処理後
FILE 66 マルチタップディレイ処理前

FILE 67　　マルチタップディレイ処理後

FILE 68　　ディエッシング前

FILE 69　　ディエッシング後

FILE 70　　サチュレーター適用前

FILE 71　　サチュレーター適用後

FILE 72　　エキサイター適用前

FILE 73　　エキサイター適用後

FILE 74　　トランジェントシェイピング前

FILE 75　　トランジェントシェイピング後

FILE 76　　ステレオイメージ100％

FILE 77　　ステレオイメージ200％

FILE 78　　重めのキック（ドライ）

FILE 79　　重めのキック（ウェット）

FILE 80　　軽めのキック（ドライ）

FILE 81　　軽めのキック（ウェット）

FILE 82　　リズムマシンのキック（ドライ）

FILE 83　　リズムマシンのキック（ウェット）

FILE 84　　重めのスネア（ドライ）

FILE 85　　重めのスネア（ウェット）

FILE 86　　軽めのスネア（ドライ）

FILE 87　　軽めのスネア（ウェット）

FILE 88　　リズムマシンのスネア（ドライ）

FILE 89　　リズムマシンのスネア（ウェット）

FILE 90　　重めのハイハット（ドライ）

FILE 91　　重めのハイハット（ウェット）

FILE 92　　軽めのハイハット（ドライ）

FILE 93　　軽めのハイハット（ウェット）

FILE 94　　重めのタム（ドライ）

FILE 95　　重めのタム（ウェット）

FILE 96　　軽めのタム（ドライ）

FILE 97　　軽めのタム（ウェット）

FILE 98　　重めのオーバーヘッド（ドライ）

FILE 99　　重めのオーバーヘッド（ウェット）

FILE 100　　軽めのオーバーヘッド（ドライ）

FILE 101　　軽めのオーバーヘッド（ウェット）

FILE 102　　重めのドラムバス（ドライ）

FILE 103　重めのドラムバス（ウェット）

FILE 104　軽めのドラムバス（ドライ）

FILE 105　軽めのドラムバス（ウェット）

FILE 106　フィンガーベース（ドライ）

FILE 107　フィンガーベース（ウェット）

FILE 108　ピックベース（ドライ）

FILE 109　ピックベース（ウェット）

FILE 110　スラップベース（ドライ）

FILE 111　スラップベース（ウェット）

FILE 112　ストラムギター（ドライ）

FILE 113　ストラムギター（ウェット）

FILE 114　フィンガーピッキングギター（ドライ）

FILE 115　フィンガーピッキングギター（ウェット）

FILE 116　弾き語り伴奏ピアノ（ドライ）

FILE 117　弾き語り伴奏ピアノ（ウェット）

FILE 118　バッキングピアノ（ドライ）

FILE 119　バッキングピアノ（ウェット）

FILE 120　弾き語りエレピ（ドライ）

FILE 121　弾き語りエレピ（ウェット）

FILE 122　バッキングエレピ（ドライ）

FILE 123　バッキングエレピ（ウェット）

FILE 124　ストリングスセクション（ドライ）

FILE 125　ストリングスセクション（ウェット）

FILE 126　ブラスセクション（ドライ）

FILE 127　ブラスセクション（ウェット）

FILE 128　男声メインボーカル（ドライ）

FILE 129　男声メインボーカル（ウェット）

FILE 130　男声バックコーラス（ドライ）

FILE 131　男声バックコーラス（ウェット）

FILE 132　女声メインボーカル（ドライ）

FILE 133　女声メインボーカル（ウェット）

FILE 134　女声バックコーラス（ドライ）

FILE 135　女声バックコーラス（ウェット）

FILE 136　Kick_P（ミキシング作業前のKickトラック）

FILE 137　Kick_M（ミキシング作業後のKickトラック）

FILE 138　Snare_P（ミキシング作業前のSnareトラック）

FILE 139   Snare_M（ミキシング作業後のSnareトラック）

FILE 140   Hihat_P（ミキシング作業前のHihatトラック）

FILE 141   Hihat_M（ミキシング作業後のHihatトラック）

FILE 142   Toms_P（ミキシング作業前のTomsトラック）

FILE 143   Toms_M（ミキシング作業後のTomsトラック）

FILE 144   OH_P（ミキシング作業前のOHトラック）

FILE 145   OH_M（ミキシング作業後のOHトラック）

FILE 146   Room_P（ミキシング作業前のRoomトラック）

FILE 147   Room_M（ミキシング作業後のRoomトラック）

FILE 148   DrumBus_P（ミキシング作業前のDrumBusトラック）

FILE 149   DrumBus_M（ミキシング作業後のDrumBusトラック）

FILE 150   Loop_P（ミキシング作業前のLoopトラック）

FILE 151   Loop_M（ミキシング作業後のLoopトラック）

FILE 152   Bass_P（ミキシング作業前のBassトラック）

FILE 153   Bass_M（ミキシング作業後のBassトラック）

FILE 154   Guitar1_P（ミキシング作業前のGuitar1トラック）

FILE 155   Guitar1_M（ミキシング作業後のGuitar1トラック）

FILE 156   Guitar2_P（ミキシング作業前のGuitar2トラック）

FILE 157   Guitar2_M（ミキシング作業後のGuitar2トラック）

FILE 158   LeadG_P（ミキシング作業前のLead Gトラック）

FILE 159   LeadG_M（ミキシング作業後のLead Gトラック）

FILE 160   Piano_P（ミキシング作業前のPianoトラック）

FILE 161   Piano_M（ミキシング作業後のPianoトラック）

FILE 162   Pad_P（ミキシング作業前のPadトラック）

FILE 163   Pad_M（ミキシング作業後のPadトラック）

FILE 164   Strings_P（ミキシング作業前のStringsトラック）

FILE 165   Strings_M（ミキシング作業後のStringsトラック）

FILE 166   Main_P（ミキシング作業前のMainトラック）

FILE 167   Main_M（ミキシング作業後のMainトラック）

FILE 168   Female_Cho_P（ミキシング作業前のFemale_Choトラック）

FILE 169   Female_cho_M（ミキシング作業後のFemale_Choトラック）

FILE 170   Male_Cho_P（ミキシング作業前のMale_Choトラック）

FILE 171   Male_Cho_M（ミキシング作業後のMale_Choトラック）

*収録ファイルはすべて32bit float/44.1kHzサンプリング仕様になっています。

AUDIO FILE INDEX

MASTERING THEORY FOLDER

FILE 172	トータルイコライジング前
FILE 173	トータルイコライジング後
FILE 174	トータルコンプ前
FILE 175	トータルコンプ後
FILE 176	テープサチュレーション付加前
FILE 177	テープサチュレーション付加後
FILE 178	真空管サチュレーション付加前
FILE 179	真空管サチュレーション付加後
FILE 180	FETサチュレーション付加前
FILE 181	FETサチュレーション付加後
FILE 182	M/S処理前
FILE 183	M/S処理後
FILE 184	マキシマイズ前
FILE 185	マキシマイズ後
FILE 186	2MIX_P（マスタリング作業前の2MIX）
FILE 187	2MIX＋EQ1（FILE 186にトータルイコライジングを施した状態）
FILE 188	2MIX＋EQ1＋CMP（FILE 187にトータルコンプを施した状態）
FILE 189	2MIX＋EQ1＋CMP＋EQ2（FILE 188にさらにトータルイコライジングを施した状態）
FILE 190	2MIX＋EQ1＋CMP＋EQ2＋SAT（FILE 189に彩度の調整を施した状態）
FILE 191	2MIX＋EQ1＋CMP＋EQ2＋SAT＋MAX（FILE 190にマキシマイズを施した状態）
FILE 192	2MIX＋EQ1＋CMP＋EQ2＋SAT＋MAX＋DIZ（FILE 191にディザ処理を施した状態）

*収録ファイルはCD-DAマスター（16bit/44.1kHzサンプリング）化されたFILE 192を除き、すべて32bit float/44.1kHzサンプリング仕様になっています。

おわりに

　本書を読み終えて、また実践してみて、いかがだったでしょうか？　難しいと思っていたミキシング／マスタリングについて、これならばできそう、もっと上手くなりたい、と感じていただけたならばうれしく思います。

　思い返せば、私もミキシング／マスタリングに本腰を入れ始めた当初はコンプレッサーのコの字もわからずに何となく使っていました。ざっくりとしたEQ処理や効果がわかりやすいリバーブなどは比較的すんなりと扱えましたが、特に適用前後で本当に微細な変化しか起こらないエフェクトについては、なぜ使う必要があるのかと疑ってかかることもありました。

　しかしそれらの疑問は、学べば学ぶほど紐解かれていき、その面白さも理解できるようになりました。本当に細かい作業の連続ではありますが、その努力の分、最終的なクオリティは必ず応えてくれるのです。ミキシング／マスタリングというものは、まさしくこだわりの集積であり、楽曲に対する愛があってこそ成しうることだと思います。技術が高い人に頼めば、それなりに仕上げてくれるかもしれません。しかしその楽曲のメッセージを根本から理解し、そのための表現を積み重ねてきた本人だからこそできるミキシング／マスタリングもあるでしょう。もしくはアーティストから預かった楽曲ならば、本人と同じくらい高い意識をもって作業すべきと言えるでしょう。どうか一音一音の細部に至るまで、魂を込めて仕上げていただければと思います。

　最後になりましたが、私がDAWを使って作編曲やミックスを行うきっかけを作ってくれた辻博昭さん、教える場であり学びの場でもあるSleepfreaksの一員として私を迎えてくれた金谷樹さん、EVERLASTのメンバーとして本書にボーカルを提供してくれた若菜百香合さんに、心から感謝申し上げたいと思います。ありがとうございました。

2019年10月

大鶴暢彦

DAW ミックス／マスタリング基礎大全

2019 年 10 月 26 日 第 1 版 1 刷発行
2025 年 8 月 20 日 第 1 版 5 刷発行

著者　　大鶴暢彦

発行所　　株式会社リットーミュージック
　　　　　〒 101-0051 東京都千代田区神田神保町一丁目 105 番地
　　　　　https://www.rittor-music.co.jp/

発行人　　　松本大輔
編集人　　　橋本修一
編集担当　　内山秀央　土屋久美

カバー／本文デザイン　　雉寅美雨之介（Yokohama Bayside406）
DTP オペレート　　　　　August Satie（Yokohama Bayside406）

印刷・製本　　株式会社リーブルテック

【本書の内容に関するお問い合わせ先】
info @ rittor-music.co.jp
本書の内容に関するご質問は、E メールのみでお受けしております。メールの件名に「DAW ミックス／マスタリング基礎大全」と記載してご送付ください。なお、ご質問の内容によりましては回答までにしばらく時間をいただくことがございます。また、電話や FAX、郵便でのご質問、本書記載内容の範囲を超えるご質問につきましてはお答えできかねますので、あらかじめご了承ください。

【乱丁・落丁などのお問い合わせ】
service@rittor-music.co.jp
乱丁・落丁本はお取替えいたします。

Printed in Japan
©2019 Rittor Music, Inc.
©Otsuru Nobuhiko
ISBN 978-4-8456-3378-4
定価 2,200 円（本体 2,000 円＋税 10%）